日本一やさしい

ネットの稼ぎ方

集客請負人・ネット110番代表
平賀正彦 著

誰もが稼げる時代がやってきた！

ある日、セミナーを開催した時のこと。

セミナー開始当初から気になる受講生がいた。

齢は40代半ばくらい。**レイバンの黒いサングラスを掛け、首には太い金のネックレス。指には、これまた太いかまぼこ型の指輪がキラリと光っている。**

いかにも、という感じだ。

セミナーが終了すると、その人がツカツカと近寄って来た。

なんかヤダな〜と思っていると、開口一番、

「セミナーの内容はよくわかった。だけどコンサルの人がねぇ〜、儲かるって盛んに言っているけど、それって本当なの？　自分たちが儲けるためにそう言ってるんじゃないのか？　証拠がなかったらヤバイことになるよ。だって嘘つきになるんだから」

この本を手に取ったあなたも同じように考えていませんか？

そういう方には私から次のコメントを贈りたいと思います。

これが証拠です。次のページを見てください↲

●証拠

これからご紹介する方々は私のクライアントです。
ほとんどの方が、入会前はネットでのビジネスを本格的に始めておらず、ゼロからのスタートでした。これだけの結果が出たのは、クライアントの努力の賜物です。
なお、書籍という性格上、一部の方においては正確な売上げ金額は伏せております。あらかじめご了承ください。

【年商1億5000万円、情報ビジネスで日本一の実績】
株式会社ホットライン　菅野一勢さん（http://www.1tuiteru.com/）
浮気調査の方法や恋愛のノウハウを作成し、月商を300万円まで伸ばす。その後、情報起業のノウハウを作成して、現在では月収は1000万円を超える。2年前はフリーター。

【ホームページ作成業で月商500万円】
有限会社ブラン　榮島一博さん（http://www.blanc.to/）
ホームページ作成という激戦区に後発で参入し、現在の月収は500万円以上。2年前は勤めていた会社をリストラされて、借金苦に陥っていた。

【ドロップシッピングでコンスタントに月商300万円】

株式会社アイディアサンタ　麻生けんたろうさん（http://www.296.in/）

北海道でラジオのパーソナリティとして活躍。その傍ら、ドロップシッピングを使ったワインセラーやコーヒーメーカーの販売で、月商300万円をコンスタントに売り上げる。

【株のノウハウで、月商300万円を2年以上継続】

有限会社いちばんかん　植田吉之さん（http://www.18kabu.com/）

複数のサイトを運営し、成功させる。なかでも株のオプション取引のノウハウは月商300万円。これを2年以上継続する。

私の会員になった時点では、インターネットの知識がまったくゼロの状態。

【牡蠣のネット販売で日本一を達成】

有限会社ゼロクリエイティブ　末岡英博さん（http://www.1kaki.com/）

牡蠣《かき》のネット販売で日本一の売上げを達成。牡蠣が足りなくなって、受注を中止することもしばしば。また海外事情にも精通し、輸入ビジネスの展開で複数の収入源を実現。

【ニューヨーク在住、複数の収入源を持つ男】

安藤俊介さん（http://www.netauction110.com/）

ある会社の支社長としてニューヨークに在住。その後、ネット販売を手がけたのをきっかけに独立。ノウハウ販売、物販、さらには輸入ビジネスのサポートを行なって業績を大きく伸ばす。

【ネットを使ったソフトウェアの販売で大きく業績アップ】

株式会社ソフトシアター　辛郷孝さん（http://www.softtheater.co.jp/）

ソフトウェアの開発と販売を行なっている会社の社長。個人情報保護法の一件から、ネットでセキュリティ関係のソフトを販売したところ大ブレイク。現在も会社を拡大中。

【携帯事業で業績が倍以上にアップ】

株式会社ファーストビット　安田善之さん（http://www.1stbit.co.jp/）

携帯システムの構築を行なっている会社の社長。それまでの紹介による受注が、ネットを使ってマーケティングをしたとたん、業績が倍増。今では、毎月スタッフを増員している状況。

【ネットを使って業績を倍増した学習塾の個別指導教室】

株式会社スーパーウェブ　豊永貴士さん（http://www.ss-1.net/）

これまでお客からの紹介を中心にチラシやダイレクトメールを使って集客を行なっていたが、ネットを使った集客に切り替えたところ業績が倍増。

【携帯のサイト作成で大きく業績アップ】

株式会社ヴイワン　面来哲雄さん（http://mobile.vone.jp/）

携帯サイトの作成とシステム開発を行なっている会社の社長。ネットを使って集客してから業績は倍増。しかも、彼のプロデュースで携帯サイトによるアフィリエイト販売をしたところ成功者が続出。

【衰退期のプレス業界で業績アップ】

有限会社ヤマサワプレス　山澤亮治さん（http://www.yamasawapress.jp/）

衰退期と言われているプレス業界でネットを使った集客を行なう。その結果、業績は倍増。業界の風雲児。

【治療の新手法をネットで大きく広める】

長岡幸弘さん（http://www.119itami.com/）

整体治療の新手法をノウハウとしてまとめ、ネットを使って広める。短期間に日本全国に広ま

り、大きな収益を上げる。

【ネットを使って車のパーツを販売】

株式会社オートクラブ・サンアイ　石井洋行さん（http://www.sanai-d.com/）

車（RX7）のパーツをネットで販売。売れ筋の商品はシーズン中、爆発的な売上げを達成。自社のメンテナンス工場も持っており、ネット販売と融合させて売上げアップを図る。

【ホームページ作成ノウハウの販売で業績アップ】

クールウェブ　星野博紀さん（http://www.110coolweb.biz/）

サラリーマン時代にウェブスタッフとして勤務。その後、経験を活かして独立。ホームページ作成ノウハウを作り大きな業績を上げる。

【情報ビジネスで月間売上げ最高2600万円】

有限会社REAL STYLE　鍵谷健さん（http://www.seikouhousoku.com/seikou/）

仲間3人と作ったDVDを販売。その結果、1ヵ月で2600万円の売上げを達成し、情報ビジネスの売上げランキングを掲載するサイトで堂々1位を獲得。

【治療院の集客が3倍に】
有限会社リワード　菊地イワオさん（http://www.genki-s.com/）
千葉県で整体治療院を営む。以前からホームページを持っていたが、集客ができずに悩んでいた。昨年からネットでの集客が3倍に増え、毎月40名以上が安定して来院。

【業種を絞ったホームページ作成で年商数千万】
有限会社ジーニアス・ウェブ・エージェンシー　小園浩之（http://www.fuzokuhp.com/）
激戦であるホームページ作成業で、業種を絞った集客を開始。初年度で数千万円の売上げを達成。

【節税ノウハウで最高月商600万円突破】
株式会社日本中央会計事務所　見田村元宣さん（http://www.77setsuzei.com/）
税理士としての経験を活かして、節税ノウハウをネットで販売。売上げが良い時には月商が600万円を超える。

【広告規制の多い健康食品をネットで驚異的に売上げる】
有限会社ティールート　平根徹さん（http://www.baizou.net/）
健康食品販売をパソコンや携帯を使って大きく展開。お客のリピート率はピカイチ。仕入れル

ートを確保できれば、今後の伸びも大きく期待できる。

【オーガニックパンの販売で月商１５０万円】

アコルト　西野椰季子さん（http://www.der-akkord.jp/）

渋谷でオーガニックパンの製造と販売を行なう。私の会員になる前はネットからの売上げは月10万円程度。しかし、４ヵ月後には１５０万円になり、店の来店客数も大きく伸びる。

【アフィリエイトノウハウで最高月商５００万円】

有限会社ネットサプライ　矢代竜也さん（http://afiri.net/afi.html）

アフィリエイトのノウハウなどを販売。売上げが最も良かった月で５００万円。平均で３００万円売上げる。

【インターネットの地域密着型集客ノウハウで業績アップ】

有限会社フィールドワーク　西山雄一さん（http://www.manshitsukeiei.com/）

大家としてネットを使って入居者を増やす。そのノウハウをまとめて販売したところ大きくブレイク。今では、地域密着型ビジネスに特化したインターネット・コンサルタントとして活躍。

【情報ビジネスで最高月商1900万円を達成】

有限会社ゆめコープ　小出万吉さん（http://www.1sakakasegu.com/）

キックボクサーであった経験からダイエットのノウハウを販売。月商300万円を1年間続け、その後、情報起業ノウハウを販売。最高で1ヵ月1900万円を売上げる。

【情報ビジネスで月商100万円】

有限会社インプレス　小島ヒロユキさん（http://www.kojimahiroyuki.com/）

サラリーマン時代から私のクライアントになり、いきなり月商100万円を稼ぎ出す。今では独立し、コンサルタントとしてさらなる飛躍を遂げている。

【31万円の美顔器をネットで売りさばく】

メイクアップサロンミーユ　雨谷有花さん（http://www.me-you.net/）

31万円の美顔器をネットで販売。このような高額商品をネットで販売しているのは極めてめずらしく、貴重な事例といえる。

【中古車オークションで業績を倍増】
オートジャパン　梅田康雄さん（http://www.yonrin.jp/）
中古車オークションの代行業務で、集客をネットに特化したところ業績が倍増。

【検索エンジン対策で新規客増を商品化】
有限会社ソフトプランニング　玉井昇さん（http://www.softplanning.com/）
起業家向け動画ＣＭのコンサルティングとウェブ制作を行なっている。ヤフーからリアル店舗へ新規客の来店に成功するクライアントが激増中。

ご紹介したクライアントの中から、今回、菅野氏と榮島氏の２人がいかにして大きく売上げを伸ばしていったのかをお伝えいたします。ストーリーを通して、実際に売上げをアップさせる手法や注意点がわかるようになっています。
あなたの成功ももうすぐです！

目次

日本一やさしい
ネットの稼ぎ方

誰もが稼げる時代がやってきた！……1

ステップ1 ゼロからのスタートは1本の電話から始まった

フリーターからコンサルティング依頼!?……18
リストラされた人からコンサルティング依頼!?……23

ステップ2 お金をほとんど使わずに月収40～80万円稼ぐ

資金ゼロからのスタート！
【スタート時の月収・菅野氏5万円、榮島氏0万円】……32
お金がいらない「知られざる3つのポイント」……39
お金のいらない集客法
【スタート1ヵ月未満の月収・菅野氏15万円、榮島氏0万円】……49
買い手は誰？ ターゲットを絞って反応率をアップする方法
【1ヵ月後の月収・菅野氏35万円、榮島氏10万円】……59

効果実証済み、ホームページで成約率を上げる方法
【スタート2ヵ月後の月収・菅野氏50万円、榮島氏20万円】……65

ステップ3 マーケティングを仕掛けて月収100〜150万円稼ぐ

お金を使って集客を2倍にする方法
【スタート3ヵ月後の月収・菅野氏80万円、榮島氏40万円】……86
価格設定で売上げを2倍にする方法
【スタート4ヵ月後の月収・菅野氏100万円、榮島氏60万円】……94
検索エンジン対策を強化して集客を数倍にする方法
【スタート5ヵ月後の月収・菅野氏150万円、榮島氏100万円】……120

ステップ4 必ずくる落とし穴を克服して月収100万円を確保する

広告掲載は突然停止されることがある……140
稼げば稼ぐほどクレームが殺到する……146

ネット世界の常識は一夜にして激変する……152
稼げば生活が変わってしまう……157

ステップ5 最終ステージで月収500〜1000万円稼ぐ

サイトを複数持てば恐ろしいほど稼げる
【スタート8カ月後の月収・菅野氏200万円】……162
さらに価格をアップして劇的に稼ぐ
【スタート8カ月後の月収・榮島氏120万円】……174
最終的に月収500〜1000万円稼ぐ
【スタート1年半後の月収・菅野氏1000万円、榮島氏500万円】……177

ステップ6 最低10年は月収500〜1000万円稼ぐ

同じお客に何度も買ってもらい、1000万円を稼ぎ続ける方法
【2年後の月収・菅野氏1000万円超、榮島氏500万円】……186

会員制のビジネスモデルで永遠に稼ぐ……189
複数の収入源で永遠に稼ぐ……193
最低10年は稼ぎ続けるためにすべきこと……197

ステップ7 もしあなたがゼロからスタートするのなら……

私もスタートはゼロからだった……204
ビジネスを劇的に変化させる瞬間は誰にでもある！……208
最後のヒント……213

本文イラスト　川野郁代
DTP　システムタンク

ステップ1

ゼロからのスタートは
1本の電話から始まった

フリーターからコンサルティング依頼!?

プルルル、プルルル……。

電話が鳴った。

そう、今日は電話コンサルティングの面接日である。

どんな人が掛けてくるんだろう?

期待と不安が入り混じる。これは今でも感じることである。

「もしもし、平賀です」

すると、電話の向こうから甲高い、張りのある声が……。

「あっ、はじめまして。電話コンサルティングを申し込みました菅野といいます。よろしくお願いいたします」

「お申し込みありがとうございます。それじゃ、さっそくですが、電話コンサルティングを始め

させていただきます。今日は面接だけなので、もしかしたらお引き受けできない場合もありますので、ご了承ください」

「お引き受けできない場合もあります」

実はこのひと言がかなり重要だったりする。

なかには、**「幸せのグッズ」**なるものを販売したいとか、**「わら人形」**を販売したい、なんていう人も過去にいたからである。

余談だが、「わら人形」がネットで売れるらしいのだ。困りましたね。

ところでこの人、株式会社ホットラインとか書いてあるけど、通信系の仕事かな？　それとも、よくありがちなアダルト系かな？　アダルト系だったら断ろう。

「菅野さんはどんなビジネスをされているんですか？」

「１年前までＮＴＴの代理店をやっていました」

「やっぱり通信系でしたか。ところで、〝やっていました〟というのは、もうやめたってことですか？」

「あ、ハイ。事情があって撤退したんです」

「そうなんですか。そうすると今は何をやっているんですか？」

「実はフリーターなんです……」


オイオイ、フリーターだって。どうしよう……。

電話コンサルティングの募集要項に〝フリーターお断り〟って書いてなかったし。

断っちゃおうかな。


「あの、菅野さんですね、フリーターの方がどのように次のビジネスを考えているんですか？」

「今はフリーターなんですが、自分のホームページを作って売りたいものがあるんです」

「えっ？　売りたいものって何ですか？」

「平賀さんがやっていたような情報販売です」


情報販売とは、本屋さんで売っていないような情報をノウハウとしてまとめて売ることである。

ちなみに、私は元パチンコ店の店長だったので、２００１年後半に「元パチンコ店長が語る勝率10倍アップの方法」という冊子を自分で作ってインターネットを使って５０００円で販売し、短期間に３０００冊を販売していたのである。

このことを、セミナーで話したりメルマガで書いたりしていたので、興味を持ってコンサルティングに申し込んだのだろう。

実は２００１年度の時点で、著名コンサルタント以外でこのような自費出版をインターネットで販売していた人はほとんどいなかったと思う。

今では無数に存在するのだが、これはいわゆる「情報ビジネス」というやつである。

つまり、菅野さんは私と同じようなことを考えているというのだ。


「ところで、どんなノウハウを売るんですか？」

「昔、探偵をやっていたことがありまして、依頼は浮気調査に関するものがダントツだったんです。ですから、自分でも浮気調査ができるようなノウハウをまとめてみました」

「ほぅー、そりゃあ面白いですね。すでにホームページも作って販売しているみたいですね？売上げはどうですか？」

「いや〜、ダメっす」


彼は苦笑しながら話を続けた。

「月間30万くらい売れるんですが、そのうち広告費が25万円かかっていますから……」

菅野さんは私のコンサルティングを受ける以前にすでにホームページを作って、浮気調査マニュ

アルを販売していたのである。

しかし、集客はグーグルのアドワーズ広告で25万円をかけて、30万円の売上げだったということである。

「広告費が25まんえーん!?　ちなみに、どんな感じで広告を出しているのですか？」

「え〜っと、完全一致のみで〝浮気〟〝探偵〟〝浮気調査〟等を、ワンクリック200円くらいで取得していました」

「その設定だと、月間25万円かかるのもうなずけます。そうしましたら、設定を部分一致にしてすべてのキーワードを最低価格にしてください。アクセスは変わらずにコストが5分の1くらいに落ちますよ」

「ホ、ホントですか!?」

というわけで、菅野さんのコンサルティングを引き受けることになった。

最終的に、彼が私のクライアントの中で抜群の実績を残すなんて、この時は思いもよらなかったのである。

でも、フリーターくらいで驚いてはいられません。まだまだすごい人がいますから。

リストラされた人からコンサルティング依頼!?

プルルル、プルルル……。

電話が鳴った。

そう、今日から入会を希望する方の面接の電話である。

「もしもし、平賀です」

「はじめまして。有限会社ブランの榮島と申しますぅ」

聞き取れないくらいのとても小さな声である。

「あっ、榮島さん、音量が小さいみたいなのでもっとボリュームを上げてくれますか?」

「す、すみません」

ボリュームを上げたにもかかわらず声が小さい。もともと声が小さい人なんだろう。

「ところで、榮島さんはどんなビジネスをされているのですか？」

「ハ、ハイ。え〜っと、私はホームページの作成会社を経営しています。ただ、借金が多くてどうしたらいいかなと思いまして。その時にたまたま平賀さんのメルマガを読んでコンサルティングに申し込みました」

「なるほど。今の会社を経営する前は何をやっていたんですか？」

「システム会社に勤めていたのですが、お恥ずかしいことにリストラされまして……」


オイオイ、フリーターの次はリストラかよ。

ど、どうしよう……。


「つまり、リストラされたあとに、ご自身で会社を立ち上げたんですね。今の会社の売上げって1ヵ月いくらくらいですか？」

「20万円あるかないかです。今は1人でやっていますから、人件費はかからないのですが、事務所の家賃とかを支払うと生活費がないんです。足りない分は借金で……」


売上げ20万円で借金生活？　ますますヤバイ。

これじゃ、私のコンサルティング費用払えるのかな？

「う〜ん、それはきついですね。だったら事務所を借りるのをやめて、自宅で仕事をしたらどうですか？」
「それも考えたのですが、自宅も狭いし子供が多いものでスペースがないんです。ちなみに子供は３人です」

借金が多くて、子供も多いって……。

「どちらにしても、今の売上げでは食べていけないでしょう？」
「ハイ、そうなんです。今すぐにでも売上げを上げないと」

今すぐぅ〜？　ムチャ言ってるな。

「ちなみに、１ヵ月に広告費ってどれくらい使えます？」
「平賀さんがいくら使って欲しい、といえば何とか用意いたします」
「それじゃ、例えば毎月10万円使って欲しい、といえば用意できるということですか？」

「もちろんです！　ですから何とかご指導お願いいたします」


ここまで言われると断れないな。性格も素直そうだし。

あぁ～、たまには理想のクライアントが来ないかな……。

理想のクライアントって？

そりゃ、事業がうまくいっていて、ちょっくらネットでもやってみるか、みたいな……。

いるわけないよねぇ～。


「もしもし平賀さん、聞こえますか？」

「ハ、ハイ。それでは、コンサルティングを引き受けさせていただきます」


あぁ～、独り言モードに入っていたら、引き受けるって言っちゃったよ～。

大丈夫かなぁ～。


というわけで、この個性的なお2人をいかに成功に導いていくかを、実際にアドバイスをしたマーケティングやホームページの魅せ方を交えてお話しいたします。

彼らの成功へのステップが28、29ページにあります。

今は何のことかわからなくてもかまいません。２年後のあなたの姿（あなたの年収）を思い浮かべてください。

実際の方法は、この本を読み終えたあとにはわかっていることでしょう。

菅野氏の
月収1000万円
までの道のり
やった!
2年後
年商1億5000万円
1年半後
3つ目のサイトを作成して
月収1000万円
8ヵ月後
2つ目のサイト
を作成して
月収200万円
5ヵ月後
価格をアップして
月収150万円
4ヵ月後
お金を使って集客して
月収100万円
3ヵ月後
ホームページの
成約率をアップ
して
月収80万円
2ヵ月後
ターゲットを絞って
月収50万円
1ヵ月後
お金を使わない
集客をして
月収35万円
1ヵ月未満
コストカットで
月収15万円
スタート時
月収5万円

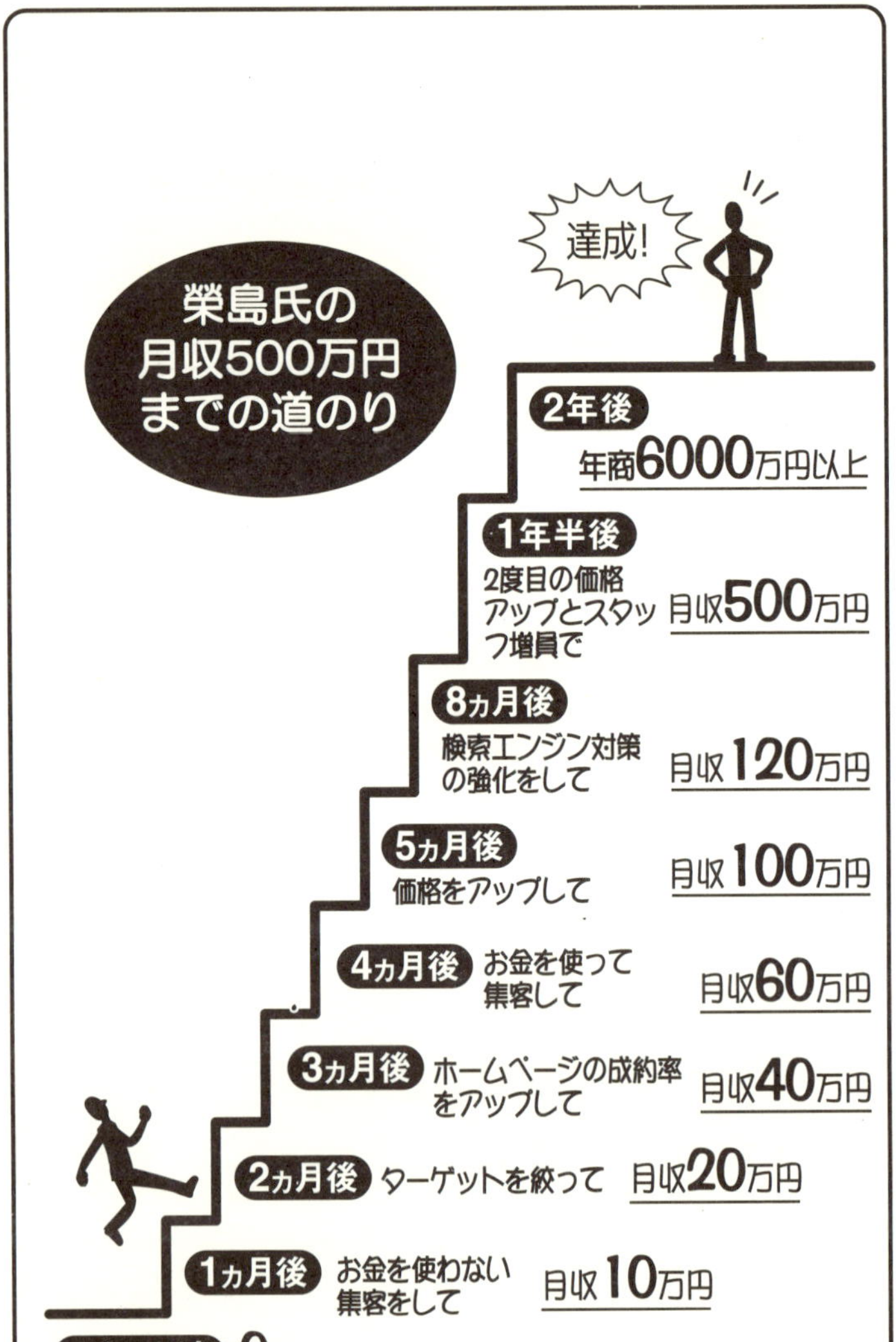
榮島氏の
月収500万円
までの道のり
達成!
2年後
年商6000万円以上
1年半後
2度目の価格
アップとスタッ
フ増員で
月収500万円
8ヵ月後
検索エンジン対策
の強化をして
月収120万円
5ヵ月後
価格をアップして
月収100万円
4ヵ月後
お金を使って
集客して
月収60万円
3ヵ月後
ホームページの成約率
をアップして
月収40万円
2ヵ月後
ターゲットを絞って
月収20万円
1ヵ月後
お金を使わない
集客をして
月収10万円
スタート時
0円

ステップ2

お金をほとんど使わずに
月収40～80万円稼ぐ

資金ゼロからのスタート！
【スタート時の月収・菅野氏5万円、榮島氏0万円】

ここで2人の現状をおさらいしてみよう。

菅野氏は30歳。フリーターでネットからの収入が5万円。

榮島氏は38歳。会社をリストラされたあと、借金でホームページ作成会社を設立。その後も売上げが上がらずに借金生活をしている。


う～ん。このメンバーはどうしたものか。

よりによってフリーターとリストラ経験者とは。

いっそのこと、2人とも断ってしまおうかな。

でも、性格は良さそうなんだよな。

何とかやってみるか。


ということで始まった電話コンサルティング。

ここで電話コンサルティングの内容を少しお話しすると、回数は1ヵ月2～3回行なっていた。

時間は50分。その他、メールなどの問い合わせは無制限でお受けしていた。つまり、マンツーマンで月に2〜3時間アドバイスをするわけである。

まずはあなたにネットビジネスを行なう全体像をつかんでもらいたいと思う。やるべきことは次の順番である。

1．商材を決める
2．ドメインを取得し、レンタルサーバーを借りる。そして、ホームページを作成する
3．お金を使わない集客を行なう
4．ホームページの成約率を上げていく
5．お金を使う集客を行なう

基本的にはこの流れになる。もちろん、お金がある程度あるのであれば、3番目のお金を使わない集客方法は使わなくても良い。

菅野氏、榮島氏に関しては、私の電話コンサルティングを受ける前からホームページを持っていた。そのため、1番目の商材を決める、というところと、2番目のホームページ作成関連は当初アドバイスしていないわけである。

しかし、読者の方々の中には商材が決まっていない人、ホームページを持ってない人もいると

思うので、ここで1、2番の項目について解説をしておきたい。

1．商材を決める

扱う商材は、大まかに情報、物販、サービス系の3つに分かれる。まずはそれぞれの特徴について説明しよう。

・情報

自分の体験をノウハウにまとめて販売する。

例えば、私の場合であれば元パチンコ店長だったので、「元パチンコ店長が語る勝率10倍アップの方法」となるわけだ。ここでミソとなるのは、一般の本屋さんやアマゾンで売っていないようなノウハウ、ということに価値が出るわけである。そのため、価格も高いわけである。

売れ筋としては、投資のノウハウ系、ネットのノウハウ系、ギャンブルのノウハウ系、恋愛のノウハウ系といったところである。

さらに詳細を知りたい人は、まぐまぐのメルマガから興味のあるものを読んでみよう。その類のメルマガを出している人は、情報ビジネスをやっていることが多い。

あなたがこういったノウハウを持っていないのであれば、持っている人と組んで共同で販売しても良い。

・物販

どんな商材を扱うかは、ヤフーオークションを見ると良い。

価格や入札件数など、売れ筋の商品が一目瞭然である。しかも、レスポンスのある価格帯がわかるので、大変参考になる。

自分で商品を仕入れて販売した場合、在庫になってしまうというリスクが生じる。それを回避するためには、アフィリエイトやドロップシッピングという販売方法が良い。

アフィリエイトというのは、他人の商品を販売して手数料をもらう方法。ドロップシッピングとは、配送関係は販売元に任せ、在庫を持たずに自分の商品として売ることである。

これらの方法を使うと、在庫を抱えるというリスクがなくなるため、資金のない起業家にとっては安心して販売をすることができる。

・サービス系

サービス系というのは、私のようなコンサルタント業、ホームページ作成業のほか、税理士などの、いわゆるサービスを提供しているビジネスである。

サービス系のビジネスを行なう場合には、専門的な知識や技術が必要となることが多い。そのため、サービス系のビジネスを起業する際には、それなりの勉強が必要となるわけだ。

ただし、専門的な知識や技術を身につけてしまえば、比較的安定したビジネスを展開することができる。

商材を決める

商材を決める際のポイントは、極力リスクが伴わない形にすること。情報商材であればリスクが少なくて済む。また、物販でもアフィリエイトやドロップシッピングを利用すれば、在庫を持つというリスクが回避できる。サービス系の場合は、事務所を構えたりスタッフを多く雇ったり、ということを極力控えればリスクは少ない。

2. ホームページの準備をする

ホームページを作成するためには、大きく分けると3つのものが必要となる。1つはドメイン。2つ目はレンタルサーバー。3つ目はホームページ作成ソフトである。それぞれを説明してみよう。

・**ドメイン**……○○.com　○○.net　○○.infoなどである。レンタルサーバーと一緒に申し込むとセッティングも簡単である。費用は年間1000~2000円程度

・**レンタルサーバー**……最近では価格破壊が起こっており、年間数千円で借りることができる

ネット商材には3つある

① 情報商材

ノウハウをまとめてCDや冊子として販売するビジネス。メリットは仕入れがないため起業しやすく、利益率が高いこと。デメリットは、制作するまでに時間がかかるということと、人が欲しがるような情報でなければ売れない。

インターネットを使って集客をし、販売していく。高額な商品の場合は集客のみインターネットで行ない、アナログでクロージングすると有効。

② 物販

自社製品や代理店としてさまざまな商品を販売していく。最近ではアフィリエイトやドロップシッピングといった販売方法が流行っている。この場合のメリットはホームページさえ持っていればすぐに販売できること。デメリットは他の商材に比べるとライバルが多い。

③ サービス系

ホームページ作成サービスや税理士、コンサルティングなど。この場合、専門的な技術や知識が必要となる。インターネットの発達と共に、ネット周りのサービスは需要が高まっている。

・ホームページ作成ソフト……使いやすいのはホームページビルダー。アマゾンや家電量販店で1万円程度で購入できる

この3つがあればホームページが作成できることになる。

ただし、作成の段階で初心者の場合、ホームページの枠を作るのが作業として一番大変なところである。そのため、テンプレート（ひな形）を購入することをおすすめする。これは検索エンジンで検索すればかなり良いものが1万円程度で購入できる。

また、まったくお金をかけずにサイトを持つことも可能だ。大手ポータルサイトの無料ブログサービスや無料ホームページサービスを使えば、費用ゼロでサイトを開設することもできる。ビジネスを始める前に練習として使いたいのであれば有効だ。

ホームページの開設費用について

ドメインやレンタルサーバーの利用料金は価格破壊が起こっている。そのため、安いところでは両方合わせても年間5000円程度なのである。また、ホームページ作成ソフトを1万円で購入したとしても、1万5000円で自分のホームページが開設できてしまうのだ。

ホームページの準備が整い商材が決まれば、いよいよビジネスを始めることができる。しかし、ビジネスを始める前に物販や情報ビジネスの場合、大事な準備が残っているのだ。それは、商品の丁装や配送関係のコスト削減方法、決済の方法を検討しておくことである。

お金がいらない「知られざる3つのポイント」

これからお話しする顧客の満足度を高めるような商品の丁装や配送関係のコスト削減方法、決済の方法のノウハウは意外と知られていないものである。

情報ビジネスや物販をやる人にはぜひとも知っておいていただきたい。

さっそくだが、菅野氏は商品の丁装や配送はどうしているのだろうか。

「菅野さん、いろいろアドバイスする前に、聞いておきたいことがあるんです。まず、マニュアルの丁装はどうしていますか?」

「パソコンでプリントアウトしたものを百円均一で買ったバインダーで綴じて送っています」

「返品とか多くないですか?」

「さすがに10%まではないですが、そこそこありますね」

思った通り、返品率が高いな。

百円均一のバインダーなんて論外だよ。

「百円均一のバインダーはいけませんね。リングファイルというセミナーなどでよく使うファイル形式のものがあるんですよ。これだと見栄えが良くて受け取った時の満足度が上がりますよ。返品も減ると思います」

「どこで買ったらいいですか?」

「アスクルの検索で〝カール　製本〟と入れてください。製本キットと専用リング、専用製本カバーが売っています」

彼は電話を掛けながらアスクルのホームページから製本カバーを探し出した(次ページ参照)。

「おおーっ、これカッコいいですね。さっそく使ってみます!」

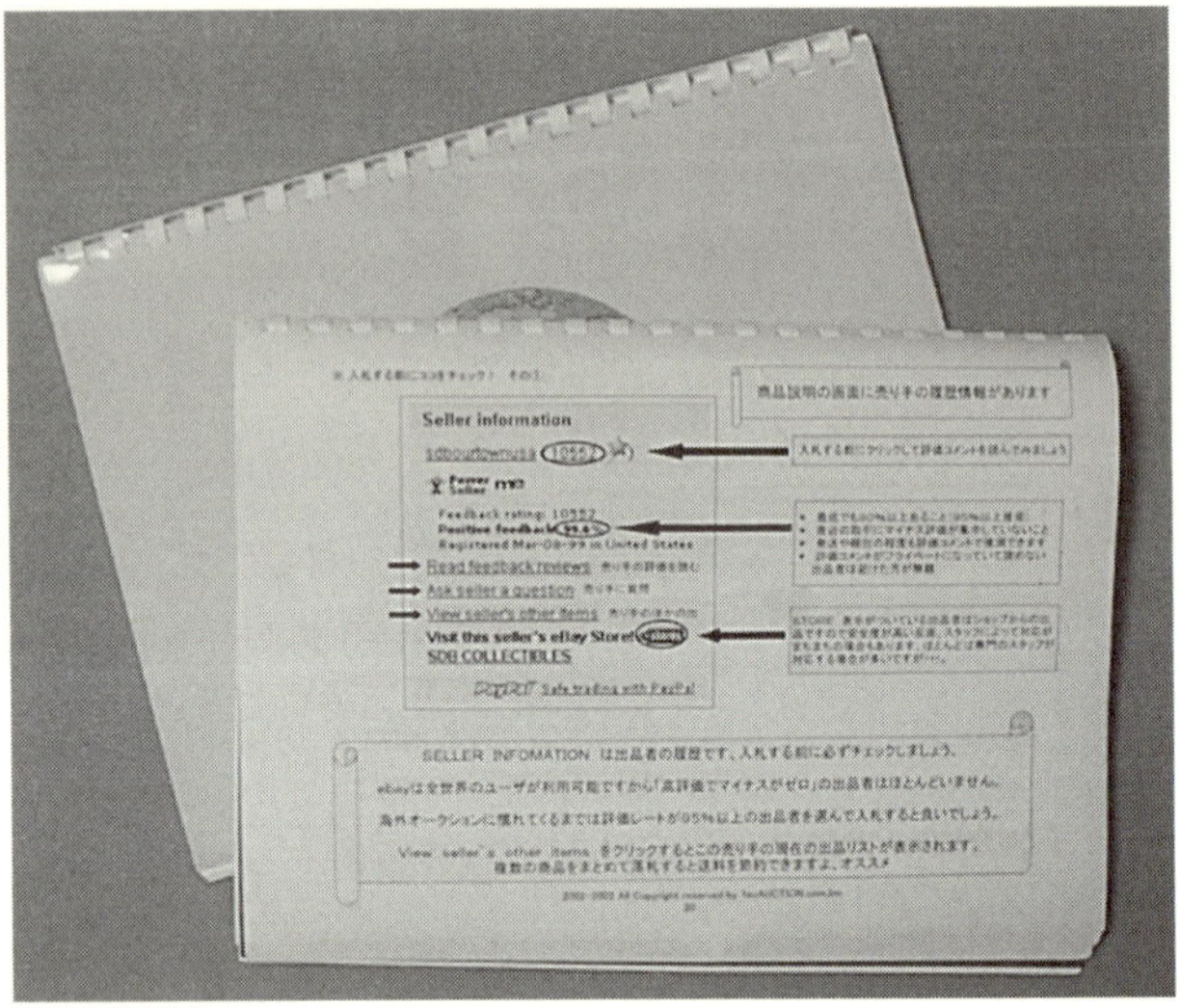

せっかく購入していただいた方に送るマニュアルの丁装は極めて重要である。

これは私の経験談であるが、最初の頃はホッチキスでバチンと2ヵ所を留めて送っていた。しかし、返品が多かったのである。

内容がイマイチなのかな、と思っていたが、その後カールの製本キットで加工してから送ってみると、返品率が3分の1くらいに減ったのだ。

製品について

情報ビジネスに限らず、物販においても丁装は重要である。外観の見た目が良ければ満足度が高くなるからだ。

もちろん、商品自体のクオリティが良くなければいけないことは言うまでもない。

「次に、配送はどうしていますか？」

「△△という運送会社と代引き契約していますが、都内は５００円でいくんです。でも、北海道とか九州になると、８００円以上も取られます」

「ハハハ、私など全国一律５００円ですよ」

「えぇ～、ホントですか！　どうやってやるんですか？　教えてください」


あまり知られていないことなのだが、運送会社の場合、ほとんどがドライバーの言い値によって配送費が決まってしまうことが多い。つまり、ドライバーと仲良くなってしまえばいいのだ。

私は続けてこう言った。


「簡単ですよ。運送会社のドライバーと仲良くなればいいんです。集荷に来た時に、リポビタンとかをあげるわけです。これでイチコロですよ。

ただし、それなりの出荷数がないとさすがにダメですよ。私の場合、一番多い時で月間４００個とか出していましたから、審査が通ったのだと思います。もちろん、配送料の話をしないといつまでも高い値段で払うことになりますね」


出荷数が月に10個程度で安くなるわけがない。配送会社もビジネスなのだから、ある程度の出

荷数がなければ安くはしてくれないだろう。

これを聞いた菅野氏は、

「さ、さっそくリポビタンを買ってきます。それもケースで」

「あとは、相見積もりを取ると効果的ですね。これはどこの業界でもあることですから、遠慮なくやりましょう」

配送費

商品を配送する際には、当然のことながら配送費がかかる。ヤマト運輸、佐川急便、ゆうパックなどいろいろあるが、相見積もりをとって一番安いところにすると良い。個数が月間で１００個を超えるようになったら、少し強気で交渉してみてもいい。

その数日後、菅野氏からメールが届いた。

＞平賀さん、こんにちは。
＞やりました！　相見積もりとリポビタンで全国一律４００円になりました！

オイオイ、マジかよ。私より安いじゃないか。

しかし、言われたことをスグに実行する人だな。


彼のメールはこう続いていた。

>また、冊子版だけではなく、ダウンロード版も銀行振り込みで買えるようにしました。
>内容が浮気ということなので、自宅に届くとマズイみたいなんです。

確かに、これはとてもいい判断である。

浮気調査マニュアルだから、自宅に送られてご主人に見つかったらマズイということであろう。

しかし、銀行振り込みは代金の回収率が悪いので大丈夫だろうか？

次の電話コンサルティングで聞いてみると、

「菅野さん、銀行振り込みでダウンロード版を提供するのはいいのですが、代金を振り込まない人もいるんじゃないですか？」

「ハイ、そうなんです。それを今日相談しようと思っていました」

「解決策は簡単なことなんですが、クレジット決済を入れたらどうですか？　情報系は物販系に比べて手数料が高いのが難点ですが、銀行振り込みで回収率が低いよりいいと思いますよ。もち

ろん、銀行振り込みもそのまま継続してください」

クレジット決済は、今でこそ情報販売専用のシステムを提供している会社があるのだが、その頃はなかったのである。そこで、アダルト系などを中心にやっているクレジット会社に打診をし、審査が下りたというわけだ。

クレジット決済導入後、銀行振り込みが減ったため代金の回収率が良くなり、菅野氏の売上げは伸びることとなった。

決済

クレジット決済を導入することによって、売上げが20％以上アップすることが多い。なぜなら、ネットで商品を購入する人はクレジット決済を好むからである。

例えば、クレジットと代引きで決済を選択できる場合、その割合は6対4くらいになる。

さて、ホームページ作成会社の築島さんはどうなっているのだろう。

築島さんの電話コンサルティングの日がやってきた。私は開口一番、心配な部分を切り出した。

「榮島さん、現状を説明していただけますか？　ホームページ作成会社といっても、どんなふうに集客をしているんですか？」

「今は、飛び込みです」

えっ⁉　今この人、飛び込みって言ったよな。
聞き違いかな。

「飛び込みって、飛び込み営業のことですか？」

「ハイ、そうです」

「なんでホームページの作成を受注するのに飛び込み営業をするんですか？　ネットの仕事なんだからネット上で集客すればいいじゃないですか」

「ハ、ハイ……。確かにおっしゃる通りです」


ちょっと強く言いすぎたかな。

榮島さんは菅野さんに比べると、弱々しい感じがするのでソフトタッチでいこうかな。

しかし、そんな心配をするまでもなく、以後かなりの根性を見せてくれることになる。

「まずは、ホームページを見せてください」

「お恥ずかしいのですが……」

「フムフム。やけにスッキリしたホームページですね。何が一番足りないかわかりますか？　ホームページに制作実績を出さないとユーザーが見ても判断する基準がないということですよ」


電話ではスッキリという言葉を使ったが、これじゃ会社案内だよ。ただ単に会社名と住所、電話番号が申し訳程度に載っているだけだし……。

私のアドバイスに対して榮島氏は、

「でも、現状で作成する案件がないのでどうしたらいいのか……」

「美容整形の広告って見たことないですか？」

「ああ、なるほどわかります！　モニターのことですか？」

「その通りです。モニター価格で仕事を請け負うんですよ。さっそくサイトのトップページにモニター価格を打ち出してください。榮島さんの顔写真も忘れずに」


この顔写真が重要なんだよな。榮島さんってどんな顔しているんだろう。

「ハイ！　ところで価格はいくらがよろしいでしょうか？」

「1サイト5万円でいきましょう。その料金でまずは5サイト作ってください」

大丈夫かな？　1サイト5万円なんて業界ではあり得ない低価格。

でも、リストラされて赤字に苦しんでいる人を持ち上げるには、これくらいやらないとダメだからな。

「わかりました！　さっそくやってみます」

モニター制作の効果

モニター募集をしている業種で思いつくのは美容整形の業界だ。私のクライアントにもいたのだが、モニターにご協力いただいた方は実名で顔を出していただき、お客様の声を書いてもらうこととなる。その分、料金は極めて安く設定することとなる。

これはいろいろな業種に応用できる

⬇実践後の月収・菅野氏15万円

鉄則1　初めはムダなお金を使わずにできることを考える

・コストを見直す……広告費はゼロ。配送費、梱包費を抑える。事務所は自宅から始める
・商品価値を高める……丁装、パッケージは見栄え良く
・とにかくお客様の声を獲得する……格安モニターの活用など

お金のいらない集客法【スタート1ヵ月未満の月収・菅野氏15万円、榮島氏0万円】

ホームページを作成し経費関係を調整したら、いよいよ集客である。

ゼロから始める場合、集客に関しても極力お金を使わないほうが良い。通常インターネットというのはチラシやダイレクトメールといった媒体に比べて費用が安く済むのであるが、まったく費用をかけない方法もあるのだ。

売上げが30万円しかないのに、アドワーズ広告に25万円もかけていた菅野氏は大丈夫だろうか。

私は電話コンサルティングの時に、その話をいきなり切り出した。

「菅野さん、アドワーズ広告のほうはどうなりました?」

「平賀さんに言われたあと、高い金額のキーワードを最低価格にして部分一致にしました。そうしたら、アクセスは変わらないのに1日当たりのコストは5分の1になったんです！」

アドワーズ広告

アドワーズ広告というのはグーグルに表示される検索連動型広告である。つまり、ユーザーが広告をクリックすると、そのたびに課金される仕組みである。審査が自動なので、申し込み後すぐに利用することができる。

「それは良かったです。〝浮気〟や〝探偵〟などのビッグワードに高い金額で広告掲載するのは資金力のある会社のやることです。お金のない人はスモールワードを中心に広告掲載したほうがいいですね。結構ムダな広告費を使っている人って多いですよ」

ビッグワードとスモールワード

ビッグワードというのは、ここで言う〝浮気〟や〝探偵〟などの範囲が広いキーワード。スモールワードとは、キーワードを絞った〝浮気　不倫〟や〝探偵　調査〟などのことを言う。

さらに私はこう続けた。

「アドワーズ広告というのは、ヤフーに掲載される検索連動型広告のオーバーチュアより成約率が悪い、というデータが出ていますね」

「まだオーバーチュア広告はやったことがないですが、それはなぜですか？」

「それはですね……」

ネットビジネスは当然のことながら売り手側と買い手側が存在する。

しかし、時には売り手側と買い手側の考えがずれてしまうことがある。例えば、利用する検索エンジンなどはその典型である。

私の経験では、**売り手側は比較的グーグルを利用することが多い。逆に、買い手側は圧倒的にヤフーである。**ライトユーザーはヤフーを利用し、ヘビーユーザーはグーグルを利用すると言い換えても良いかもしれない。

2004年5月31日にヤフーとグーグルが提携を解消する前は、アドワーズ広告がヤフーのスポンサー枠に掲載されていたことがある。その頃は今よりも成約率が良かったのだが、提携解消後はオーバーチュアのほうが圧倒的に成約率が良い。

売り手側と買い手側

売り手側は比較的グーグルを利用し、買い手側は圧倒的にヤフーを利用することを覚えておこう。つまり、ライトユーザーはヤフーを利用し、ヘビーユーザーはグーグルを利用すると考えて良い。ネットビジネスをする人は、普段からヤフーで検索する癖を付けたほうが良い。

この話を聞いた菅野氏はうなずくようにこう言った。

「なるほど。何も知らずに広告費を25万円も使っていたのですね。しばらくは1ヵ月5万円くらいでやってみましょう」

「アドワーズ広告自体がまったく効果のないものではないので、お金をドブに捨てるようなものだったんですね」

そして、私はこう続けた。

「今までアドワーズ広告で1ヵ月25万円使っていたわけですから、差額の20万円が儲けになるわけです」

検索エンジンで反応が良い商材（サービス）

説明の必要のない商材（サービス）、わかりやすい商品

- タウンページに載っているような業種
- 中古車販売
- 牡蠣やふぐなどの地域の名産品
- 税理士の顧問契約
- ホームページ作成サービス
- 情報ビジネスで言えば、「もてるノウハウ」「節税ノウハウ」など

「いや〜、感動しました！　たったこれだけのことで、20万円儲かるようになりましたから」

「それから、次回までにまぐまぐのメルマガを申し込んでおいてください」

広告を出し続けるがゆえに儲からない人がよくいる。

つまり、広告を止めてしまったら売上げが激減するのではないか、という恐怖感にとらわれてしまっているのである。

これはネットに限ったことではなくて、チラシやダイレクトメールでもよくあることである。

私がクライアントにまず初めにアドバイスするのは、**効果測定のされていない広告は1回見直しましょう**、ということである。

検索エンジンで反応の良い商材

検索エンジンで反応が取れるのは、わかりやすい商品やサービスである。逆にわかりにくい商品は検索エンジンで反応が取りにくい。

私は広告コストを5分の1に抑えることに成功した菅野氏に、続けて無料の集客方法を伝えてみることにした。

「無料で集客するツールはいろいろあります。メルマガ、ランキングサイト、掲示板、それから検索エンジン。手っ取り早く効果を出す方法として、ランキングサイトをやってみましょう」

「ランキングサイトって何ですか？」

「ランキングサイトというのは、サイトをそれぞれの分野に分けてランキングした無料で運営されているサイトのことです。検索エンジンで検索すれば無数に出てきますよ。ここに片っ端から登録しましょう」

菅野氏は感心したようにこう続けた。

「なるほど。そういうサイトがあるんですね。でも、そのサイトの運営者ってボランティアでやっ

ているんですか？」

「いいえ、ランキングサイトはアクセスが半端じゃなく集まりますので、そこにバナー広告などを載せて広告収入を得ていたり、アフィリエイト収入を得ていたりするんですよ」

「へぇ～、頭いいですね」

ランキングサイトというのは無料で使える有効な集客ツールである。

このランキングサイトの仕組みは、自身のサイトからランキングサイトへアクセスしたカウントとランキングサイトから自身のサイトへアクセスしたカウントを判断して自動的に決められる。相互アクセスの高いサイトは、必然的にランキングサイトでも上位になる。上位にあれば、クリックされる確率が飛躍的に伸びるということである。

ランキングサイト

ランキングサイトは起業当初の、極めて有効なツールである。なぜなら無料で使えるからだ。しかも、カテゴリ別に登録できるため属性の合ったユーザーがあなたのサイトに訪れることになる。属性が合っているということは、すなわち見込み客につながるわけである。

一方、榮島氏のモニター制作はどこまで進んだのであろうか。

私が電話で聞いてみると、

「榮島さん、モニター募集のホームページは出来上がりましたか?」

「ハイ、正式にアップしました。でも、どうやって集客したらいいのでしょうか?」

「榮島さんは広告費をあまり使えませんから、まぐまぐのメルマガでもやってみましょう。これは無料なので、お金の心配はいりません」

本来は榮島氏のようなホームページ作成サービスの場合は、検索エンジン、とくにヤフーの反応が良いのである。しかし、お金が使えないので無料で集められる方法を選択したのである。

そして、私はこう続けた。

「準備ができるまで時間がありますから、私のクライアントさんのサイトをモニターで作ってくれませんか?」

「わかりました。同時並行で進めます」

メルマガで反応が良い商材（サービス）

説明が必要な商材（サービス）、わかりにくい商品

・コンサート
・ビジネスセミナーの集客
・情報ビジネスで言えば、「起業ノウハウ」「成功ノウハウ」「マーケティングノウハウ」など

今回榮島さんにおすすめしたのは、まぐまぐのメールマガジン、というものである。簡単に言うと、登録さえすれば無料でこちらのメルマガを配信してくれるスタンドである。

お金をかけずに集客するという意味では最もポピュラーなツールである。ちなみに、私のようなコンサルタント業はメルマガが極めて有効である。なぜなら比較的わかりにくい業種であるため、メルマガで定期的にユーザーと接触したほうが良いのだ。

起業ノウハウや成功ノウハウなどの情報販売もメルマガが有効である。

このように説明の必要なサービスや商品はメルマガが売れる。つまり、メルマガを読んでもらい、よく理解してもらってから成約に結びつけるということである。

無料で使えるメルマガ配信スタンド

無料で使えるメールマガジン配信スタンドは無数にある。代表的なのは、まぐまぐ。これを使うことによって、まぐまぐのマーケットに集まっているユー

ザーを自分の読者にするわけである。わかりにくく、説明の必要な商材やサービスはメルマガで反応が取りやすい。

また、もう1つ重要なのは、榮島さんのような業種の方は〝紹介〟が圧倒的な集客力を発揮するのだ。

この紹介を利用するには大きなコツがある。

今回私もクライアントを榮島さんに紹介したのだが、**いわゆる先生と呼ばれている人のサイトを作ったりすると良い**のである。

コンサルタントや税理士などの先生と呼ばれる人は、当然顧客を持っているわけである。先生のサイトを仮に無料で作成しても、その顧客を紹介してもらえば余りあるほどの利益を得ることができるわけである。

紹介

紹介というのは非常に強力である。例えばあなたがホームページ作成業者を探す時に、信頼している人から紹介された業者とネット上で探した業者のどちらを選ぶであろうか。もちろん、紹介された業者であろう。

つまり、紹介してくれそうな人、あるいは顧客をたくさん持っている人と関係を深

めておくと良いということである。

⬇実践後の月収・菅野氏35万円、榮島氏10万円

鉄則2 スタート時はお金をかけない集客方法で

・お金よりも時間を使う
・無料ツールを使う……メルマガ、ランキングサイト、検索エンジン登録、ミクシィ（SNS）、掲示板、ブログサービス
・安いツールを使う……ヤフーオークション（利用料金数百円）など

買い手は誰？ ターゲットを絞って反応率をアップする方法
【1ヵ月後の月収・菅野氏35万円、榮島氏10万円】

ビジネスを行なううえでターゲットを絞るのは極めて重要なことである。

例えば、浮気調査マニュアルを販売するのに10代の若者をターゲットにしてもあまり売れないであろう。

「商品とターゲットとのマッチング」ができていないと商品は売れないのだ。

決済方法を増やし、広告費を抑えて35万円の利益が出るようになった菅野氏。ここからが本番だ。

私は菅野氏に集客に関してのアドバイスを始めることにした。

「菅野さん、前回は広告費を抑えて利益を出すという方法をアドバイスしましたが、ここからは本格的に売上げを伸ばしていきましょう」

「待ってました！　さすが集客請負人ですね」

この人、ちょっと調子に乗りやすいな……。

でも、だんだんネットビジネスの楽しさがわかってきているみたいだ。

「前回お話ししましたまぐまぐのメルマガを申し込んでおいてくれましたか？　これはお金がかかりませんから安心してください。

ポイントはタイトルです。ちなみに菅野さんはこのメルマガを誰に読んでもらいたいですか？」

まず私がクライアントに指導する部分がここである。というのも、ターゲットが明確になって

いないがために売れていないということが多いからである。

逆に言うと、ターゲットを明確にするだけで売れる確率が高まるのだ。

菅野氏は少し考え込んでからこう言った。


「え〜っと、やっぱり旦那の浮気に悩んでいる主婦ですかね？」

「主婦向けのメルマガですから、どういうタイトルがいいですか？」

「主婦の友とかどうですか？」

「そんなタイトルのメルマガ読むわけないでしょ。そうではなくて、主婦にでも簡単にできる……みたいなタイトルですよ」


「○○にも簡単にできる△△の方法」


これは非常に反応の取れるタイトルの公式である。

私がヒントを与えると、彼はこう続けた。


「それでは、『主婦でも簡単にできる浮気調査の方法』とかどうですか？」

「いいですね〜。もっと年齢などで絞ってみてください」

「思いつきました！『42歳の主婦でも簡単にできる浮気調査の方法』、これはどうですか？　そし

て、創刊号のタイトルは『素人探偵T子の逆襲』で」

「探偵T子……」


素人探偵T子の逆襲ぅ〜。この人なかなかやるな。

こんなタイトル、普通の人は考えないよ。


「もしもし平賀さん、どうですか？　これでいいですか？」

「ハ、ハイ。なかなかいいタイトルですね。それで申請してください」


面白いこと言うから、自分の世界に入っちゃったよ。

センスあるな。


ビジネスを行なう際に、ターゲットを絞るのは極めて重要なことである。

例えば、先ほどの例で言うと、「全国の主婦の方」というタイトルと「42歳の主婦の方」とやった場合、明らかに絞ったほうが反応が取れるのだ。

一般的に、「全国の主婦の方」とやった場合、ターゲットが広いためより多くの見込み客が集まるように思える。しかし、ターゲットが広すぎることによってユーザーが自分のことだと気付

かないのだ。

逆に、「42歳の主婦の方」とやった場合は、42歳の主婦は自分のことだと気付く。さらに、42歳前後の年齢の主婦も関心を示すというわけだ。

絞る方法は、年齢や地域、職業などが良いであろう。

我々は大企業のやり方をやってはいけない。あくまでも小規模事業主なのであるから、ターゲットを絞っても絞りすぎることはない。

ターゲットの絞り込み

ターゲットを絞り込むことによって、関心を示してもらう、気付いてもらう、という点がねらいである。インターネットの世界では、当然のことながら不特定多数の人がホームページを見ている。そんな中で、「これって私のことではないかしら」と感じてくれればしめたものである。

菅野氏のターゲットはこれで決まった。そして、まぐまぐのタイトルも同じようにターゲットを絞ったタイトルにすることになった。

一方、榮島さんはまぐまぐのタイトルを考えたのであろうか。そんなことを考えているうちに、

電話コンサルティングの日がやってきた。

「榮島さん、まぐまぐのタイトル決まりましたか？」

「ハイ。『プロが教える儲かるホームページ！　8つの秘密』にしようと思いますが、どうでしょうか？」

「いいですね～。それでいいのですが、参考までにお話しいたしますと、○%とか○時間、○日などの数字が入ると反応率が上がりますよ」

証拠を見せる数字のマジック

数字には不思議な効果がある。例えば、○%、○時間、○日などをタイトルに挿入すると反応率が上がる。また、その際には70%ではなく73・2%のように詳細な数字にすると良い。数字の中では「7」の反応が良いといわれている。

➡実践後の月収・菅野氏50万円、榮島氏20万円

鉄則3 ターゲットを絞る

・客層を絞る……年齢、地域、職業などで絞ると良い

・具体的な証拠を見せる……通帳の残高、注文メールの一覧、お客様の声などを掲載する

効果実証済み、ホームページで成約率を上げる方法【スタート2ヵ月後の月収・菅野氏50万円、榮島氏20万円】

電話相談をやっていると、アクセスを増やすにはどうしたらいいですか、という質問が圧倒的に多い。

しかし、アクセスも重要だが1日に1000人が訪れるサイトでもほとんど売上げが上がっていないサイトが存在するのだ。

なぜだと思います？

それは、サイトの成約率が悪いからなのである。**売れないサイトのほとんどはわかりにくい、読みにくい、そして情報を詰め込みすぎるのだ。**アメリカの調査によると、訪問者はサイト上の10％以下の情報しか目にしないそうである。

今後、サイトが増えるにつれてこの数値はもっと下がってくるであろう。売れるサイトとはどんなサイトなのか、この項ではそのあたりをじっくりと解説してみたい。

電話相談を始めてから2ヵ月が過ぎようとしていた。

菅野氏は月商50万円を超えるようになり、榮島氏はモニターで5件のホームページ作成に励んでいた。

この段階で多少のお金をかけて集客することもできる。しかし、私はホームページの成約率を上げることを選択したのである。

菅野氏のアクセスはどれくらいあるのだろう。さっそく聞いてみることにした。

「菅野さん、現在の1日の平均ユニークアクセスはどれくらいですか？」

「えーっと、メルマガを出すと500を超えるのですが、通常の場合は200～300くらいです。平均しますと、300くらいではないでしょうか。もっともっとアクセスを増やさないと、これ以上売上げは伸びないですね」

フフフ、その前に売上げを伸ばす魔法のテクニックを教えるよ。

そうすればアクセスなんて伸ばさなくても売れるようになるのさ。

「現段階ではアクセスは結構あるほうですね。そのアクセスで1ヵ月の注文件数が50冊くらいということですね。ということは、単純計算ですが、180アクセスで1件注文が入るようなイメー

ジですね。もちろん、重複している人もいるでしょうから、あくまでも目安になる数字です」

「そうなりますね。月間９０００アクセスで50件の注文ですから。これっていい数字なんでしょうか？」

「悪くはないですが、もっと良くなる可能性はあります。参考例で言いますと、私のパチンコのサイトは80アクセスで１件の注文がありました。」

「なるほど。成約率を上げればアクセスを無理して伸ばさなくても売れるわけですね。どうやったら成約率を上げることができるんですか？　教えてください！」


ハハハ、ここまで言うと、さすがにじれてきたみたいだな。もったいぶらずに教えてあげよう。

じれてきた菅野氏に私はこう続けた。


「重要なのは、**トップページの魅せ方と見出し**です。この２つを改善するだけで成約率が驚くほど上がるんです」

「魅せ方は今のサイトでは良くないですか？　平賀さんのパチンコのサイトをマネして作ったんですけど……」

「直したほうが良い点をこれからアドバイスいたします。その前に、菅野さんはホームページを

ご自身で作っているんですか？」

「実は、私の妻が作っているんです。昔、プログラマーをやっていたので、こういうのが得意なんですよね。ボクはまったく作れません。パソコンでできるのはメールの送受信くらいですね」

メールの送受信だけ？よくそれでネットビジネス始めようと思ったな。

「へぇー、それは驚きですね。奥さんが作っているんですか。本当は簡単な修正はご自分でできたほうがいいのですが、身内の方ができるのだったら問題ありません。それにしても、メールの送受信だけで月商50万というのはすごいですね」

「だから、ウチの奥さんには頭が上がらないんです……」


菅野氏はパソコンがあまり得意ではない。聞いたところによると、ネットビジネスを始めたこの頃は、メールも奥様に代筆してもらっていたらしい。

つまり、菅野氏が奥様の横で書いて欲しい内容を話す。それを奥様がメールに書いて送信するという流れである。その光景を思い浮かべるだけで面白い。

実をいうと、菅野氏だけではなく、パソコンの苦手な人が私のクライアントには結構いるのだ。

また、不思議なことにそういう人に限って成功する確率が高い。

これはどういうことなんだろう、と考えてみると、パソコンが苦手ということは初心者である。そういう人は真っ白な状態で私のアドバイスを聞くため、アドバイスが心に響くのではないかと思うのだ。

逆に知識のある人は、そんなこと知ってるよ、みたいに斜に構えてしまうことがある。案外、このあたりに**成功する人と成功しない人の違い**が隠されているのかもしれない。

成約率を上げるテクニックは極めて重要である。訪問者が１００人いたら確実に1個売れるサイト。そんなサイトはとても優秀なサイトである。ただし、このようなサイトは世の中にあふれているサイトのほんの一握りである。

しかし、そのような優秀なサイトにするにはちょっとした知識があればできてしまうのだ。月収が50万円になったとはいえ、まだまだ安定期にはほど遠い菅野氏のサイト。これからどのように料理していこうか。

私は成約率を上げるテクニックを菅野氏に話し始めた。

「それでは成約率を上げていくためのポイントをお話しいたしますね。まずはレイアウトです。今の状態でも悪くはありませんが、左上にメルマガの登録欄を設置してください。ここはホームページの中でも、とくに一番目立つ場所なので、重要なものを配置したほうがいいのです」

「なるほどですね。やっぱりメルマガに登録してもらうのが一番重要なことになるわけですね」

訪問者の足跡を取る

ネットビジネスの大原則である。つまり、ユーザーが訪れた時にメールアドレスを登録してもらえば、その後の展開も楽になるわけだ。

「その通りです。とくに菅野さんのような情報系のビジネスをされる場合は、メルマガに登録してもらうことがとても重要なのです。

次に冒頭の会話文のところは、背景をクリーム色にするなどして、目立つように加工してください。つまり、読ませたいところは別の色にしたほうがいいということですね」

文章の魅せ方

マークを使って段落を分けたり、とくに強調したいところは太字や下線を引く。さらに、最も読んでもらいたいところは背景色を変えるなどの工夫が必要だ。文章はとにかくわかりやすく書くこと。極端なことを言うと、小学生でもわかるように書いておくと反応率は間違いなく上がってくる。

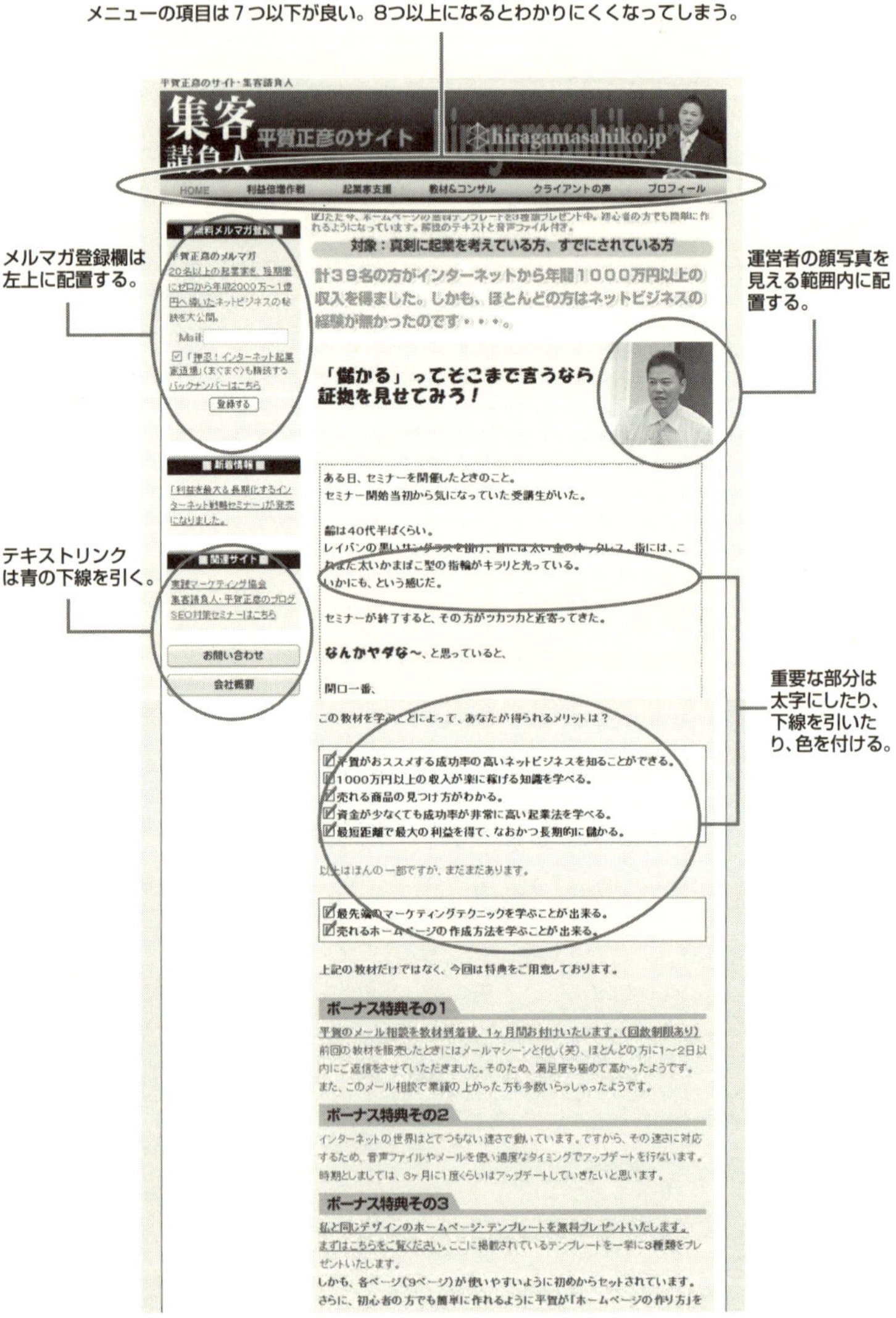

メニューの項目は7つ以下が良い。8つ以上になるとわかりにくくなってしまう。

メルマガ登録欄は左上に配置する。

運営者の顔写真を見える範囲内に配置する。

テキストリンクは青の下線を引く。

重要な部分は太字にしたり、下線を引いたり、色を付ける。

参考サイト　http://www.hiragamasahiko.jp/

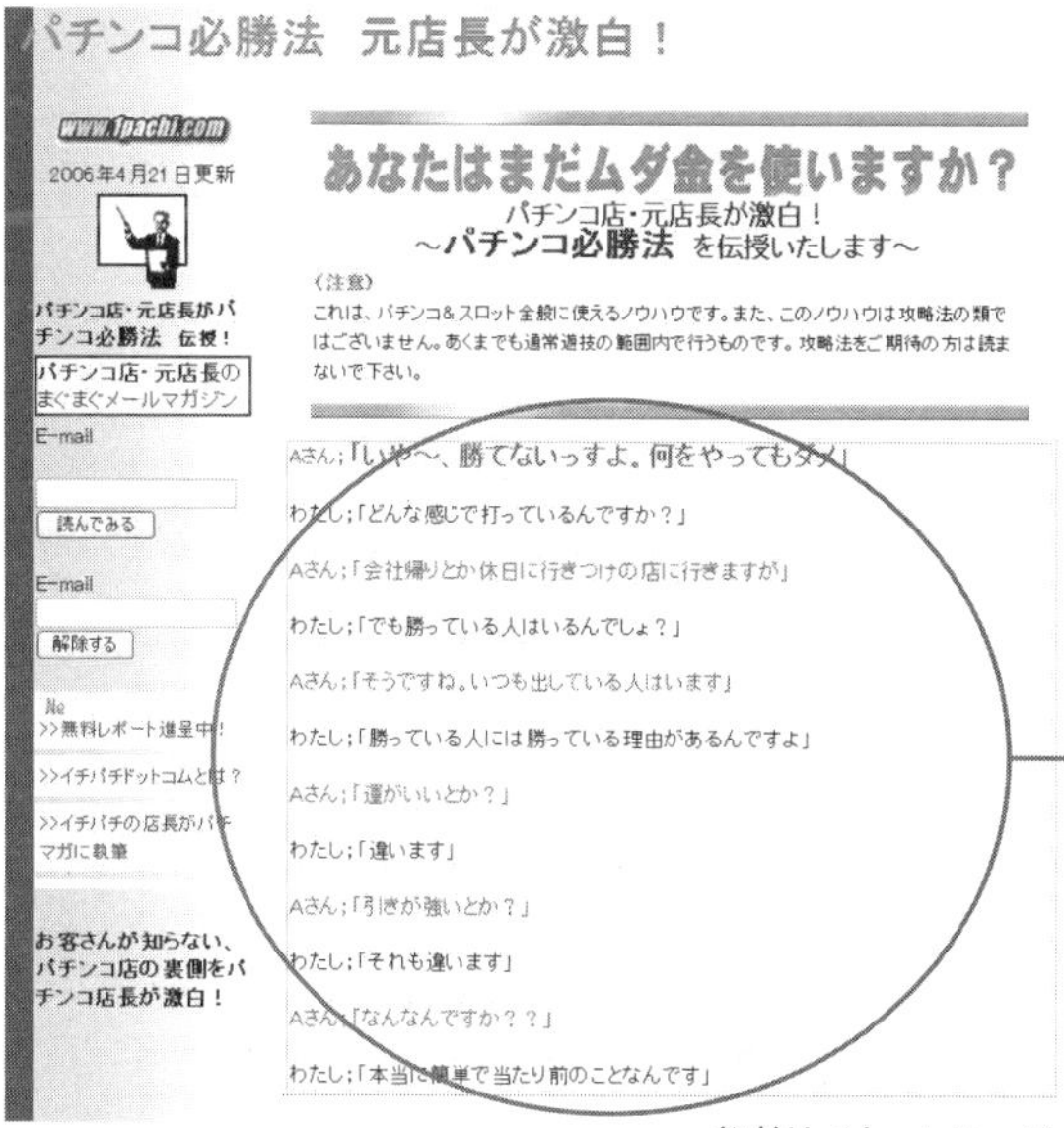
パチンコ必勝法　元店長が激白！
www.1pachi.com
2006年4月21日更新
パチンコ店・元店長がパチンコ必勝法　伝授！
パチンコ店・元店長の まぐまぐメールマガジン
E-mail
読んでみる
E-mail
解除する
>>無料レポート進呈中！
>>イチパチドットコムとは？
>>イチパチの店長がパチマガに執筆
お客さんが知らない、パチンコ店の裏側をパチンコ店長が激白！
あなたはまだムダ金を使いますか？
パチンコ店・元店長が激白！
～パチンコ必勝法 を伝授いたします～
《注意》
これは、パチンコ&スロット全般に使えるノウハウです。また、このノウハウは攻略法の類ではございません。あくまでも通常遊技の範囲内で行うものです。攻略法をご期待の方は読まないで下さい。
Aさん；「いや～、勝てないっすよ。何をやってもダメ」
わたし；「どんな感じで打っているんですか？」
Aさん；「会社帰りとか休日に行きつけの店に行きますが」
わたし；「でも勝っている人はいるんでしょ？」
Aさん；「そうですね。いつも出している人はいます」
わたし；「勝っている人には勝っている理由があるんですよ」
Aさん；「運がいいとか？」
わたし；「違います」
Aさん；「引きが強いとか？」
わたし；「それも違います」
Aさん；「なんなんですか？？」
わたし；「本当に簡単で当たり前のことなんです」

セールスページの冒頭に会話文などを入れて読みやすくする。背景に色を入れるなどして、目立つようにする。

参考サイト　http://www.1pachi.com/

利益を最大&長期化するインターネット戦略セミナー
価格：38,000円（税込、送料無料）
利益を最大&長期化する インターネット戦略セミナー
クレジットカードでのお申込みはこちら
決済クレジットカード
（注）VISAとマスターは円建て、JCBその他のインターナショナルカードはドル建てになります。
クレジットご利用の前に必ずこちらをご覧ください
代金引換でのお申込みはこちら
ファックスでのお申込みはこちら

決済は複数用意する。また、それぞれの申込みボタンをわかりやすくする。

参考サイト　http://www.hiragamasahiko.jp/

「そういえば、平賀さんのパチンコのサイトも冒頭の会話文がクリーム色の背景になっていましたね。やっぱりそれなりの理由があってやっているんですね」

「そうです。それから、マニュアルを読むことでお客様が得られるメリットは箇条書きにして、矢印のマークでも付けてください。もちろん、その部分も背景の色を変えてくださいね。

あとは、注文の部分です。マニュアルの写真を掲載して、金額などをキチンと書いてください。代引き、銀行振り込みの申し込みもそれぞれわかりやすくしてくださいね」

申し込み部分

よくあるのが、どこから注文していいのかわからないサイト。当然のことながら、そういうサイトは売れない。もしあなたのサイトの成約率が芳しくないのであれば、申し込みの部分をわかりやすくすべきである。それだけで成約率が上がる可能性は高い。

私の話を聞いて菅野氏は感心したようにこう言った。

「やっぱり細かく見ていくと、まだまだ改善する部分がたくさんあったんですね」

「ポイントは**わかりやすいかどうか**、なんですよ。わかりやすければ、成約率が上がりますし、わかりにくければ成約率は上がりません。世の中のサイトのほとんどがわかりにくいために売れ

ないんですよ」

私は感心している菅野氏の反応を確かめるように、次から次へと反応率を上げるテクニックをアドバイスしていった。

「次に**見出し**ですね。チラシなどもそうですが、見出しの良し悪しで反応率が大きく変わってきます。ポイントは『素人でも簡単にできる』というところを打ち出すといいと思いますよ」

「つまり、素人でも簡単にできる浮気調査の方法、のような感じですか？」

「そうです。○○の方法というのはいいですね。こういった情報系の販売サイトでは反応が上がると思います。ほかに思いつくキーワードはありませんか？」

サイトの見出しはメルマガのタイトルと同じでも良い。考え方はメルマガもサイトの見出しも同じである。

「もう探偵事務所には頼むな！　とかはどうでしょうか？」

「どこかで聞いたことのある見出しですね。ただ、探偵事務所というキーワードは使えますね。あと、数字などが入るともっと反応が上がります。例えば3時間でとか30日で、というように」

「思いつきました。『素人が探偵に頼らずに、10日で浮気の証拠を押さえる方法！』これはどうですか！」

うまい。うますぎる……。

日頃から雑誌などをよく読んでいるのかな？

私は菅野氏のセンスに感心しながらこう言った。

「その見出しはいいですね。直すところはありません。さっそく修正をして、1週間くらい様子を見てください」

サイトの見出しは極めて重要である。

私が初めて作ったパチンコの情報販売サイトも、毎週のように見出しを変えていた。1週間単位でその反応率を計測して、一番良かった見出しを使っていたのだ。

私が使ってみて一番反応が良かったのは、『あなたはまだムダ金を使いますか？』と、『パチンコ・パチスロで勝つ人、勝てない人。その違いは……』の2つである。

見出しの目的は1つ。訪問者の目を引きつけ、それ以降の文章を読んでもらうことである。

つまり、見出し以降の文章を読んでもらわないと成約につながらない、ということである。

ちなみに、具体的な数字で言うと、これらの反応が良い見出しは別の見出しに比べて倍以上の成約率があるのだ。
たかが見出しをかえるだけでこれだけ反応率が変わるのであれば、やらない手はない。

見出しの重要性

見出しを改善するだけで、売上げが倍以上に伸びたという事例もあるくらい重要なことである。よく言われているのは、雑誌の見出しなどを参考にすることだ。

そしてアドバイスに沿って修正したのが次ページのサイトだ。
サイトを修正して1週間後、菅野氏からメールが届いた。

>平賀さん。こんにちは、菅野です。
>前回アドバイスしてもらった部分を修正しましたら大変なことになっています。
>今まで1日に1・5個売れるペースだったのが、確実に2個以上売れるようになりました。
>多いときには4個も売れる時があります!
>アクセスはほとんど変わらないのに、注文件数だけが増えている感じです。
>とりあえず、ご報告でした。

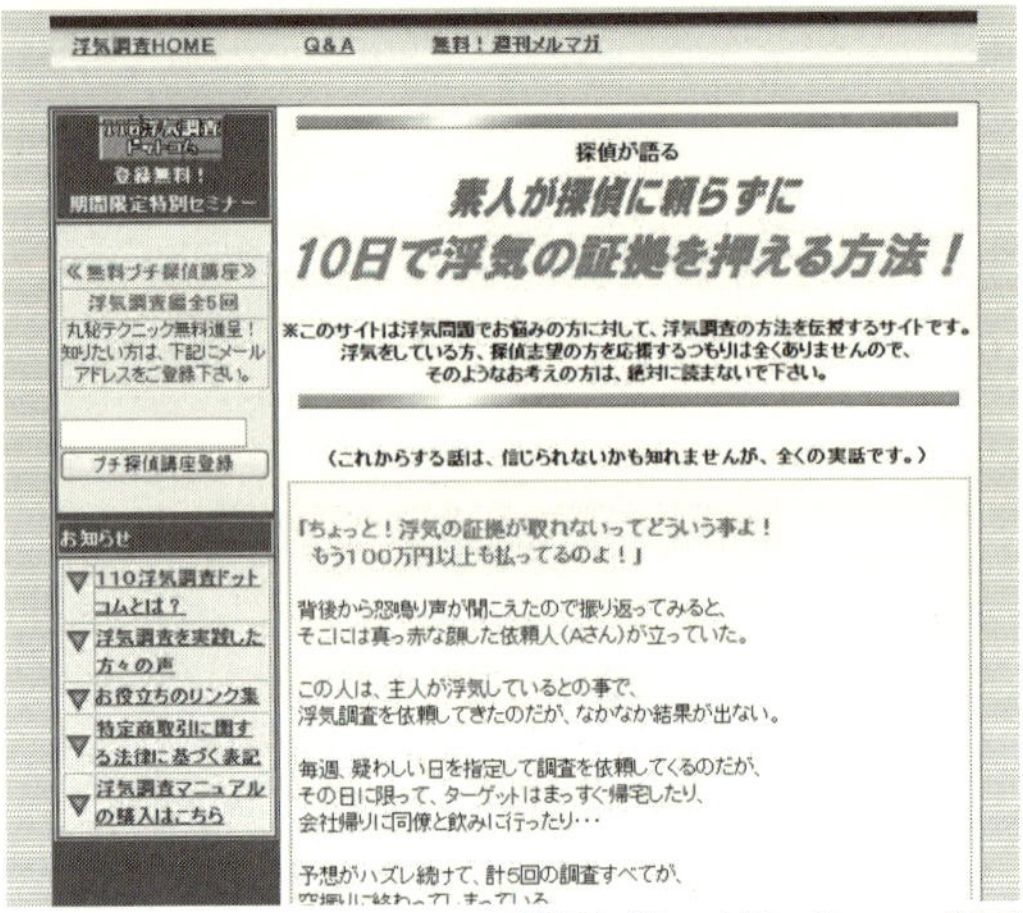

参考サイト　http://www.110uwaki.com/

菅野氏に限らず私のクライアントは、こういったサイトの修正だけで成約率を飛躍的に伸ばしている。

売上げを伸ばそうとすると、どうしてももっとアクセスを増やそうと考えがちであるが、実際は成約率を上げることを考えるべきなのである。

しかも、ホームページの修正だけであるからお金はかからない。

もちろん、成約率を上げる方法を学んで、頭を使わなければならないのは言うまでもない。

さて、以前榮島氏のサイトを見た時に、会社案内のようなトップページだと表現した。

私も起業当初はホームページの作成を請け負っていたのでわかるのだが、顧客のサイト作成に追われ、どうしても自分のサイトはあと回しになってしまうものなのだ。果たして榮島氏は自分のサイト作成もしっか

りやっているのだろうか。

　私は電話コンサルティングの際に、さっそくこの点について聞いてみた。

「榮島さん、モニター制作のほうは順調にいっていますか？」

「いや〜、忙しいです。朝から晩までずっとパソコンの画面を見ています。でも、充実感があります」


やっぱりそうだったか。

これは自分のサイトなんて手付かずだな。


「それは良かったです。私も以前はホームページ作成をやっていましたが、実際はとても大変な作業なんですよね。そのような状況ですとご自分のサイトは進んでいないようですね」

「ハ、ハイ。すみません、まだなんです……」

「そうしましたら、ホームページの成約率アップの方法を教えますね。これは今作っているモニターサイト、そして榮島さんのサイトにも使ってください。

　まず、ホームページの魅せ方と見出しを修正しましょう。榮島さんのサイトの場合は、トップページに顔写真を入れてください。これは必須です」

顔写真を載せる

インターネットというのは極めて匿名性《とくめいせい》の高い媒体である。そのため、顔写真を使うだけで信頼性が増してくるのだ。つまり、成約率の高いサイトにするためには信頼性を上げることが必要になる。

そして、私はこう続けた。

「それからこの手のビジネスは、電話での問い合わせが多いのでトップページの右上に電話番号を大きく入れてください。これだけでも問い合わせ自体は増えますよ」

電話番号を大きく表示する

サービス系のサイトは、電話での問い合わせが圧倒的に多い。それなのに申し訳程度に小さく電話番号を載せているサイトが目立つ。右上に大きく載せるだけで反応率はアップする。

「あとは見出しですね。『成約率の高いホームページ』という切り口を前面に出すと良いと思います」

「わかりました。写真は笑ったほうがいいでしょうか？　それともスーツでビシッと決めたほうがいいのでしょうか？」


この人の場合、どっちが似合うのだろう？

不自然な笑顔だと成約率が下がってしまうし……。

無難な答えにしておこう。


「これがいい、というのはないので、2～3枚撮影して見せてくれますか？　問い合わせを増やしたいのだったらホームページの〝無料相談〟とかやるといいですよ」

「それは、平賀さんがやっているような電話相談を無料でやるっていうことでよろしいのでしょうか？」

「そうです。もちろん私の場合はインターネットビジネス全般の話をしますが、榮島さんの場合はホームページに関する相談をすればいいと思いますよ」

「なるほど。無料相談を受けて、契約に持っていくわけですね」

サービス系の仕事をされている人は、無料相談をやると大きく受注が増えることがある。

例えば、私のようなコンサルタント業や榮島さんのようなホームページ作成業者、そのほかに

も税理士や行政書士も同じである。

目安としては、5人の無料相談をやったら1人の契約が取れると成約率は良いと言える。契約が取れるか取れないかは、無料相談の内容というよりは、話し方などで決まることが多いようだ。

無料電話相談は効果抜群

成約率を上げるには内容というよりも話し方がポイントである。私が心がけているのは2つ。最初と最後の挨拶はハッキリとすること、そして聞き役に徹することである。なぜ聞き役に徹するかというと、顧客は悩みを誰かに聞いてもらいたいからである。アドバイスが欲しい、というよりも話を聞いて欲しいのである。これはとくに女性の方に多い。

その後、モニターサイトを順調に作成し、制作実績としてサイトに掲載をした。そして、成約率をアップさせるノウハウに沿って作ったサイト（83ページ上）と5万円でモニター制作したサイトが出来上がった（83ページ下）。

サイトを修正したあとの反応が気になったので、電話コンサルティングの際に私はいきなりこう聞いた。

「榮島さん、サイトを修正したあとの反応はどうですか？」

「効果抜群です！　平賀さんのアドバイスの通りにサイトを修正して、なおかつ無料相談もやっているんです。メルマガを週に1回配信しているだけなのですが、毎日1～2人くらいは無料相談を申し込んできますね。実際にお申し込みをいただく件数も1週間に1件は確実に取れるようになりました」

「それはすごい。飛び込み営業をしていたときにはほとんど成約しなかったわけですから、すごい成約率ですね。しかも無料相談をやって、その時に契約が取れなくても、それは大事な見込客ですから、あとになって申し込んでくる人も多いと思いますよ」

「サイトを修正しただけで、こんなに効果があるなんて思いもしませんでした」

菅野氏、榮島氏ともにネットビジネスを始めた当初はホームページで1つの商品やサービスを販売していた。そのため彼らにはアドバイスしなかったのだが、ホームページで複数の商品を紹介すると売れなくなる傾向がある。逆に**1つの商品やサービスを販売すると売れる**のだ。

これがどういうことを示しているかというと、ネットユーザーは次から次へと別サイトへ移っていく。そのため、1つのサイトをじっくりと見る、ということが少ないからだ。

興味がなければ、すぐに別サイトへ移動してしまう。イメージとしては、100キロのスピードで走る車の中から外の景色を見ているようなものだ。つまり、トップページに一番売りたい商

榮島氏のホームページ作成サービスのサイト

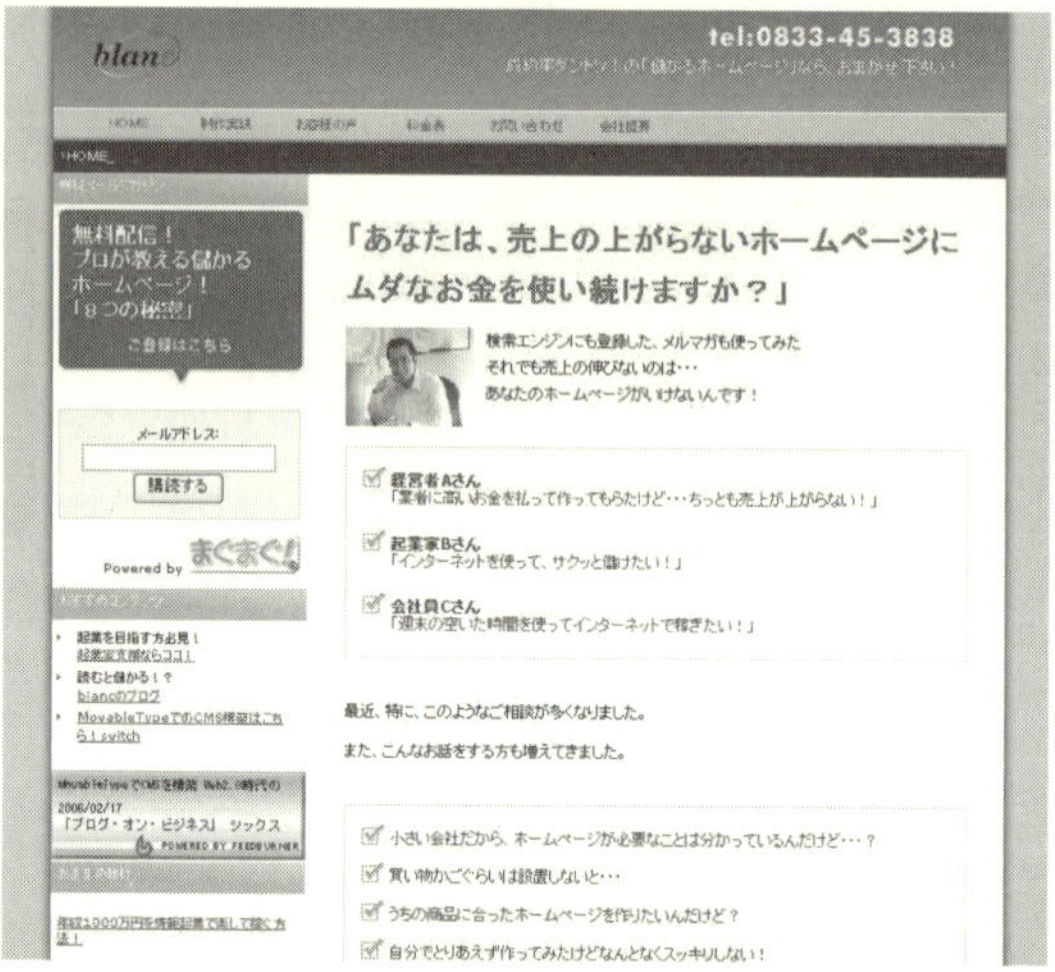

参考サイト　http://www.blanc.to/

榮島氏が5万円で作成したモニターサイト

参考サイト　http://www.sanai-d.com/（リニューアル前）

品やサービスを単品で紹介すると良いわけである。

単品で売る

トップページに掲載する商品やサービスは単品が良い。どうしても複数掲載したい場合は、おすすめ商品を一番上に大きく掲載する。関連商品は下のほうに小さく掲載すると良い。さらに、売上げランキングなどを載せるとランキング上位に入っている商品は売れる。

↓実践後の月収・菅野氏80万円、榮島氏40万円

鉄則4 ホームページ修正だけで成約率を上げる

・トップページで表現する商品やサービスは1つにする
・お客が見やすいレイアウトにする
・お客が次の文章を読みたくなるような見出しにする
・お客がさらに次を読みたくなるような文章にする
・顔写真を入れる

ステップ3

マーケティングを仕掛けて月収100～150万円稼ぐ

お金を使って集客を2倍にする方法
【スタート3ヵ月後の月収・菅野氏80万円、榮島氏40万円】

お金を使わずに集客を重ね、成約率をアップさせるノウハウを使った結果、菅野氏の月収は80万円を超えるようになっていった。

また、榮島氏はネット上から毎週1～2件の新規制作依頼を獲得するようになり、月収は40万円を超えるようになっていった。この間、わずか3ヵ月の話である。

お金がある程度まわるようになってきたら、次の段階ではお金を使って集客することが必要になってくる。逆に言うと、この段階でお金を使ったほうが収益は増えてくるのだ。なぜなら、お金を使った集客を行なうことによって、より質の高い見込み客を多数獲得することができるからだ。

私は菅野氏との電話コンサルティングで、お金を使って集客する方法をアドバイスし始めた。

「菅野さん、収入も増えてきましたので、いよいよお金を使った集客をやりましょう。ポイントはドカンと使うのではなく、少しずつ実験を繰り返しながらお金をかけるようにしてください」

「わかりました！　まずは何からやったらいいでしょうか？」

「ヤフーのオーバーチュアをやってみましょうか」
「実は申請したら却下されてしまったんです……」

オーバーチュア広告

主にヤフーとＭＳＮに掲載される検索連動型広告。ヤフーに掲載されるということから極めて反応が良い。審査を人が行なうので、広告掲載されるまでに数日かかる。

当時（２００４年）は審査が厳しくて菅野氏のサイトは掲載できなかったのだ。２００５年度後半以降は比較的審査が甘くなっているので、審査基準さえ守っていれば掲載は可能である。

オーバーチュアの掲載が却下されたくらいでヤフーへの掲載をあきらめるわけにはいかない。
私はこう続けた。

「それでは仕方がないですね。ヤフーのビジネスエクスプレスに申請してみましょう。これは５万２５００円支払うと、ヤフーのほうでサイトの内容を審査してくれます。その審査に通るとヤフーの正規サイトとして登録されることになります」

ヤフーの正規サイトとして登録されることによって、反応は一気に上がってくることが多い。

しかし、後述するがキーワードの選定を間違ってしまうと反応が取れないこととなる。

そして、菅野氏はこう言った。

「やっぱりヤフーに掲載されると反応が違うんでしょうね。ネット上の情報を検索していると、グーグルの攻略みたいなサイトが結構出てきますが……」

「確かにそうですね。しかし、前にも言いましたが、検索エンジンで反応が取れるのはヤフーです。全体に占めるシェアもダントツで高いですが、それ以上に購買意欲のあるユーザーが多いですね」

ヤフーへの正規登録

ヤフーへの正規登録は無料のものと有料のビジネスエクスプレスがある。無料のものはビジネスサイトだと通る可能性が極めて低いので、有料のビジネスエクスプレスを利用したほうが良い。これは一般的な業種の場合5万2500円であり、健康食品などの特殊な業種は15万7500円となる。

検索エンジンの利用率を調べてみると、ヤフーがダントツで6割方を占めている。グーグルの利用率が伸びてきているといっても、25%くらいなのだ。

最も利用されている検索サービス（単一回答）

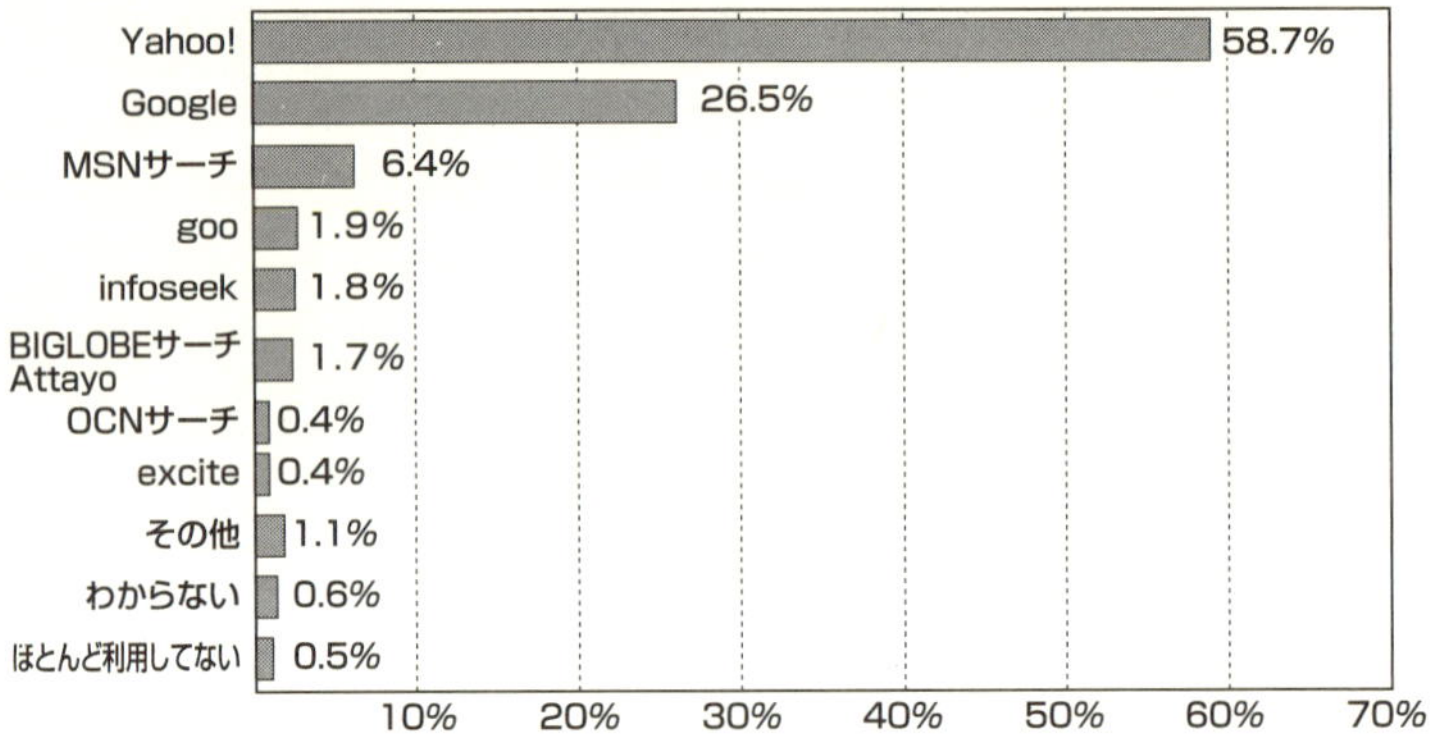

©インターネット白書2005

しかし、ネットの世界では不思議な現象が起こっていて、グーグルの攻略法などがずいぶんもてはやされていた。

これは、ちょうどこの頃（２００３年後半から２００４年にかけて）、グーグルのページランクなるものが出現し、ページランクの高いサイトは優秀であるというような風潮が出たのがきっかけだと思う。

これは今でもそうなのだが、実際にページランクが高くても売上げの立っていないサイトもあるし、逆にページランクが低くても毎月何千万円も売上げているサイトもある。

私がネットコンサルティングを始めてから一貫してお話ししているのは、**まずはヤフーを攻略しよう**、ということである。

このことをしっかりと実践してくれるクライアントは間違いなく業績が伸びるのである。

ヤフー攻略法

1. 検索連動型広告のオーバーチュア
2. 正規登録サイトへの申請をするビジネスエクスプレス
3. 検索エンジンロボットの対策（ロボットが定期的に巡回をし、各サイトを自動的にヤフーへ表示する）

この3つで、あなたのサイトへより多くのユーザーが訪れることになる。

菅野氏はオーバーチュアの審査が通らないため、ビジネスエクスプレスをやることになった。しかし、幅広いキーワードを取るために、検索連動型広告もさらに強化したいところだ。

「菅野さん、アドワーズ広告の入札金額をもっと上げましょうか」

「わかりました。いくらくらいに設定したら良いでしょうか?」

「グーグルで検索した時に、トップページに広告が表示されるような感じで。ただし、ビッグワードは予算を考えて設定してください。適当にやってしまうと、前みたいになりますから」

ある程度の収入が上がってきたら広告費を多めに使っても良い。逆に**使わないほうがリスクになる**可能性があるのだ。もちろん、効果測定を行ないながら使うのがポイントである。

さらに私はこう続けた。

「菅野さんはすでにある程度の収益がありますから20％くらいは広告費に使ってもいいですよ。ですから、アドワーズ広告も毎月10万円くらいかけてみましょう。このくらいの金額であれば問題ないです。前はお金をかけすぎていましたからね。ただし、計測を忘れないようにしてください」

「そういえば、前はビッグワードに加えて『料理』とか『レシピ』などのキーワードで出していました。主婦層をねらっていたんです。だから月間25万円もかかったんです」

なに〜。料理とレシピぃ。
突拍子もないことを考える人だな。
しかし、よくアドワーズ広告も掲載してくれたな。

（注）現在ではそのコンテンツがないと掲載してくれません。

キーワードの見つけ方

アドワーズ、オーバーチュアといった検索連動型広告には、キーワードをアドバイスしてくれる機能が標準で装備されている。キーワードが決まったら広告掲載するの

だが、コツは少しずつ掲載して反応を計測していくことである。一気にやってしまうと、反応が良いかどうかもわからないのに、多くの予算がかかってしまう。

反応の良いキーワードを見つけたらある程度の金額をかけていくと良い。さらに先ほどのヤフー正規登録（ビジネスエクスプレス）の際にそのキーワードをタイトルや説明文に入れると一気にアクセスが増えることとなる。

前回榮島氏と話をした時に、新規受注が週に1件入るようになったと報告を受けた。しかし、まだまだ増やす必要がある。

私は、電話コンサルティングの際にヤフーのスポンサー広告について話を始めた。

「榮島さん、さらに受注を増やすためにお金を使って集客しましょう。まず、この手のサービスで一番反応が取れるのはヤフーのスポンサー広告です。メルマガ以上に取れますよ」

「オーバーチュアのことですね。わかりました、さっそくやってみます」

ホームページ作成のような説明のいらないサービスは、検索エンジンの反応が圧倒的に良い。その中でもとくにヤフーの反応率が高い。

手っ取り早く集客するのであれば、オーバーチュアである。そして、オーバーチュアをやるこ

とによって反応の良いキーワードを見つけるのだ。これがビジネスエクスプレスをやる時に生きてくる。

ヤフー攻略の手順

ヤフーを効果的に活用するためには順番がある。まず初めに、検索連動型広告のオーバーチュア。次にビジネスエクスプレスをやったほうが良い。

私は、榮島氏のオーバーチュアの結果が知りたかったので、さっそく聞いてみた。

「榮島さん、オーバーチュアの結果はどうでしたか？」

「いや～、すごいです。オーバーチュアの広告予算を1万円入れたら2件受注が入ります」

「それはすごいですね。ところでそんなに受注して作れるんですか？」

「私ひとりではできませんから、スタッフを雇いました」

「そろそろ制作費も検討しなおしたほうがいいですね」

実はこの制作料金を決めることによって、榮島さんの成長が一気に加速されることになる。この時にはそこまで成長するなんて私も思ってもいなかったのだ。

鉄則5 お金を使って集客する

・利益が月50万円を超えたら、少しずつ広告費を使うと良い結果が出る
・利益が月100万円を超えたら、迷わず広告費を使う
・広告費の目安は利益の20%程度

価格設定で売上げを2倍にする方法
【スタート4ヵ月後の月収・菅野氏100万円、榮島氏60万円】

価格戦略は非常に強力である。

今まで1万円で売っていたものを、2万円で販売する。すると、値上げした1万円はそのまま利益になってしまうのだ。値上げをすると販売個数が減るのでは、と思うかもしれない。しかし、思ったほど個数は減らないものなのだ。

そういえば榮島氏のところに新しいスタッフが入ったらしい。仕事もだいぶ増えてきたようなので、順調にこなしているのだろうか。

今日の電話相談で聞いてみよう。

「榮島さん、新規作成の受注が増えてきたようですが、進み具合はどうですか」

「ハイ、新しいスタッフが頑張ってくれていますので、順調に進んでいます。ただ、これ以上受注してしまうと2人では無理かもしれません。さらに売上げを伸ばすためにはスタッフを増やそうかと……」

フフフ、スタッフを増やす必要はないよ。
もっと簡単に売上げの上がる方法を教えるよ。

「売上げを上げるためにスタッフを増やす必要はないですよ。今より制作費を値上げして、価格をサイトにはっきりと掲載しましょう。ホームページ作成業者の多くが制作費を明確にしていませんよね」

「そういえば、ほとんどの業者はサイト上ではっきりと料金をうたっていません」

「どうしてだと思います?」

「う～ん、依頼者によって制作内容が違いますから、明確な価格が出せないんだと思います。ですから、ページ数で課金するしかないのかなと思いますが」

ホームページ作成というのは依頼者によってそれぞれ違ってくる。

つまり、完全なオリジナルというわけだ。そのため、ページ数で課金する作成会社が多い。1ページ2万円という具合である。

そして、私はこう続けた。

「それでは、そういった多くの業者と差別化するにはどうしたらいいですかね？」

「あっ！　わかりました。ポッキリ価格みたいにしたらどうでしょうか。10万円ポッキリとか、20万円ポッキリとか」

よしよし。誘導されてきたぞ。

ここまで言って、トンチンカンなことを言う人はダメなんだよな。

こちらの用意した答えに誘導されているのは、榮島さんが自分のビジネスを真剣に考えているからだろう。

電話コンサルティングを続けていくと、コンサルタントというのは、ただアドバイスするだけでは良くないことがわかってきた。

以前入会していたクライアントで、私のほうから一方的にアドバイスした場合、最終的にうまくいかないことがあったのだ。

もちろん、それなりに業績は上がるのだが、徐々に私に対する依存心が強くなり自分では何も考えないクライアントになってしまったのだ。

こういう人は、私から離れた場合どうなってしまうのかは明白である。

この経験から、最終的にはクライアントが解答を出せるように誘導するのがコツなのだと学んだのである。

私は榮島氏の回答にうなずきながらこう言った。

「うん、そのアイデアいいですね。それでは、榮島さんの場合はこれらの業者とはまったく逆に、明確な料金を提示いたしましょう。ところで制作料金はいくらにしたいですか?」

「う〜ん、新規受注の場合はページ数関係なしに今まで10万円で受けてきましたから……」

ページ数無制限で10万円。

安すぎる……。

あまりにも儲かっていないから感覚がマヒしてしまったのかな。

「榮島さん、10万円はいくら何でも安すぎるでしょ。価格に迷った時には時給換算してみてください。10万円だったら時給1000円くらいかもしれないですよ。専門職で時給1000円は安

すぎるでしょ」

「そう言いわれてみるとそうですね。それでは15万円くらいで……」

オイオイ、それってあんまり変わらないよ。

まあ、でもスタート時だからこの金額でもいいか……。

「それでは、制作料金は15万円でいきましょう。作成するページ数も上限を決めてください。これで以前より5万円儲かるようになります」

これが価格設定のマジックである。値上げをした分だけ利益になるわけだ。

しかし、ただ値上げしただけでは当然売れなくなってしまう。そのため、以前よりも強くメリットを打ち出していかなければならないのである。

私は続けてこう言った。

「値上げするだけではなく、榮島さんの会社でホームページを作成するメリットを価格以外でも出さないとダメですね」

「メリット……ですか。例えば納品が早いとかですかね?」

「もちろんそれもメリットになります。メリットというよりもベネフィットといったほうがいいですね」

「ベネフィット？？？」

しまった。逆に難しくなってしまったぁ〜。

コンサル失格だ。

ベネフィット

ベネフィットとは自己利益のことである。ユーザーに、あなたの欲しいものがここにありますよ、と示唆することによって反応が上がることになる。

「え〜っと、あなたの欲しいものがここにあります、と言ってあげることですね」

「なるほど。例えば、売上げの上がるホームページ作成なら当社で、みたいな感じですか？」

「そうそう。そんな感じです」

「メルマガでも使いましたが、『プロが教える儲かるホームページ』というのはどうですか？」

「検索エンジンのキーワードに関連してくるので、ユーザーが〝儲かるホームページ〟と検索するかどうかですね」

先ほども書いたが、キーワードを決めるには検索連動型広告で実験してみると良い。ユーザーがどのようなキーワードで検索するのかは実験してみたほうが早くて正確なのだ。

「『成約率の高いホームページ』のほうがいいですか？」

「そうですね。そのほうがいいと思いますよ。ただ、これも実験してください」

「でも、私に成約率を上げるノウハウなんてないですけど……」

確かに……。

つい先日まで会社案内のようなホームページだったもんな。

「それは私から学んだノウハウを使ってもいいですよ。榮島さんは私の会員さんですからノウハウをご自身のビジネスに活かすのは自由ですから。私としては当然許可しますよ」

「ホ、ホントですか。ありがとうございます！」

コンサルタントにとって、ノウハウの取り扱いは重要事項の１つである。

私の場合は、基本的にクライアントから事前に使用許可の連絡があった場合、ＯＫを出すよう

にしている。

つまり、今回のように私から学んだノウハウをサービスの特典にしたり、別のケースではセミナーで使ったり、マニュアルで使ったりということだ。

もちろん、今までのケースではノウハウ使用料などは一切いただいていない。

コンサルタント仲間からは気前が良すぎるなどと言われることもあるが、私のノウハウを使って成功されるのであれば、そちらのほうが貴重なことだと思うからだ。

また、それで成功すれば、当然私から教えてもらったことだとクライアントは言うはずであるし、そういうクライアントにしか許可を出していないつもりである。

榮島氏はホームページの制作料金を15万円でと言っていたが、これでもかなり安い金額だ。ただし、メンテナンス費用を毎月支払ってもらえば、儲かるビジネスモデルが作れるかもしれない。

私は、制作料金についてこう切り出した。

「榮島さん、ホームページの制作料金は15万円でいきましょう。それと売り出す時の〝切り口〟は『成約率の高いホームページが15万円ポッキリ』がいいですね。それで榮島さんの会社のサイトを修正してみてください」

「了解しました。なんかワクワクしてきました」

「ところでメンテナンス費用はどうするつもりですか？　修正内容によってそのつど請求をする

のか、定額制にするのか……」

ホームページ作成会社は、修正内容によって見積もりを出すパターンと、修正内容に関係なく定額のパターンがある。作成会社にとって都合がいいのは前者、顧客にとって良いのは後者である。私の問いかけに、榮島氏はこう言った。

「普通のホームページ作成会社は修正の内容によって見積もりを出すタイプが多いと思います。でも、お客様にとってはわかりやすい金額のほうがいいですよね？」

「もちろんその通りです。つまり、どれだけ修正があっても毎月これだけ払っていただければやりますという内容ですね。払いやすいのは月額1～2万円かな。そんな安い金額でできますか？」

「ハイ、大丈夫です。作成を依頼されましたときには、自社のサーバーを使いますから、サーバー利用料金とメンテナンス費を合わせて管理費としたらどうでしょうか？」

榮島さん、さえてるね～。

そのアイデア最高！

ページの修正とサーバー利用料金をセットにして、管理費とするのはとてもいいアイデアである。

顧客にとってもわかりやすい。

「それいいですね。つまり、サーバー利用料金とメンテナンス費で月額管理費用を決めたらどうですか?」

「月額1万5000円でどうでしょうか?」

「それでいきましょう。ただし、契約期間を明確に決めたほうがいいですね。例えば、半年とか1年とか」

「わかりました。これでメニューを作ってサイトにアップしてみます」

榮島さんのビジネスが大きく飛躍するきっかけとなったのは、料金体系を考えた時からである。

一般的なホームページ作成会社では、1ページ〇万円とか、まずはお問い合わせくださいといった表記であり、価格を明確に打ち出しているところは少ない。

そうした市場に、15万円ポッキリでサイトを作成し、なおかつ成約率の高いホームページができますよ、とやったわけである。

また、制作費の15万円だけでは利益が確保しづらいため、メンテナンスが込みになった管理費を月額で課金することにしたのだ。実はこれがミソである。

例えば、100社のホームページ作成を請け負えば管理費だけで毎月150万円が入ってくる

ことになる。価格も1万5000円だから顧客にとってはさほど負担にもならないわけである。

サービス商材の価格設定

サービス商材の場合、リピート性の高いメニューを提供することができる。その場合、同じ顧客が何回も支払うことになるため、初回の支払う金額が安くても半年とか1年の長いスパンで利益が十分に確保できれば良いわけである。

この時点ではかなり精度の高いビジネスモデルだと思っていたが、私自身実は大きなミスを犯していた。あとになってこのことが榮島さんのビジネスに暗い影を落とすことになるのである。

一方、菅野氏がやっている情報ビジネスも価格を上げると一気に売上げは増えてくる。

私は電話コンサルティングで価格について話し始めた。

「菅野さん、アドワーズ広告から料理とレシピのキーワードは外しましたか？」

「ハイ。もっとキーワードを関連性の高いものにして、さらに絞ったところ、アドワーズ広告からも売れているみたいです。先日、平賀さんに教えていただいたコンバージョントラッキングを使ってみましたが、カウントが上がっていたんです」

コンバージョントラッキング

アドワーズ広告やオーバーチュア広告に標準で付いている機能。例えば、ユーザーがアドワーズ広告をクリックしてあなたのサイトにアクセスをする。そして、商品を申し込んだ場合に、カウントが上がる仕組みである。これを利用することによって広告の効果測定が行なえるということだ。

「それは良かったですね。コンバージョントラッキングというのは、アドワーズ広告から菅野さんのサイトに来た人が注文をした場合に、カウントが上がるツールですね。大まかな数字ですが、これを知っているのと知らないのでは大きく違いますからね。ということは、ずいぶん売上げも上がってきたのではないですか？」

「そうなんです！　ついに１００万円を超えました。当初の目標がこんなに早く実現できるなんてうれしいです。ただ、こんなに簡単に１００万円を超えると欲が出ますね。もっと売上げを上げたいな、なんて思っています」

ついに１００万円を突破したか。
４ヵ月前にはたったの５万円だったのに。

「とりあえず、おめでとうございます。良かったですね。短期間で１００万円までいったのはとても順調ですよ。そして、もっと売上げを上げたいのであれば商品の価格を考え直すことが必要になります」

「価格、ですか……。今の価格が９８００円ですから、これをもっと高くするということですよね？」

通常、価格というのは一度決めてしまうと変えてはいけないような気持ちになってしまうものである。さらに、変えてしまうことに恐怖感を覚える場合もあるのだ。

「その通りです。ただし、やみくもに価格だけを上げると不信感が募りますから、それだけのクオリティが必要になりますが。内容的にはどうなんですか？」

「内容的には９８００円以上の価値はあります。これは自信を持って言えます。それに、マニュアルに書いてあることを探偵事務所に依頼した場合、10万くらいは取られるんです。それが自分でも簡単にできるわけですから、もっと高くても大丈夫だと思います。ただ、値上げは少し怖いですね」

さすがの菅野さんも少しビビッているな。

やっぱり値上げって誰でも怖いんだよね。
売れなくなってしまう、という恐怖感があるんだろう。

「実は、私が昔ネットで販売していたパチンコマニュアルも、当時そんなことをやっていた人がいなかったので、妥当な価格がわからずに適当に5000円で販売していたんですよ。かなり売れましたが、1万円で販売していても売れる冊数は変わらなかったのではないか、なんて最近思っています。

だから、価格相応のクオリティがあれば大丈夫だと思いますよ。次回までに、いくらにするのか考えておいてください」

物販、情報ビジネスの価格設定

物販や情報ビジネスの場合、価格設定をする際に一番簡単な方法はライバルの価格を調査し、平均値よりも上に設定することである。もちろん、価格相応のクオリティがなければならないのは言うまでもない。ちなみに、リピート性の高い商材に関しては同じ人が何回も買う可能性があるため、この限りではない。

価格戦略。実はこれが最も効果の上がる戦略である。

私の例で言うと、当初基準がわからずに1冊5000円で販売をしていた。1ヵ月に400冊以上も売れた時期もあった。

しかし、これを1万円で販売していたらどうなったか？

単純に売上げは倍増することになる。

このように書くと、「価格を2倍にしたら、売れる冊数が落ちるのでは？」と思うかもしれない。しかし、私の事例、それから数多くのクライアントの事例から言うと、売れる個数はさほど落ちないことがわかっている。

もちろん、ここで重要になるのはクオリティである。

どうみても5000円の価値しかないものを、1万円で売った場合、買った人からのクレームが増えることになる。悪評も広がるし、二度とその人からは買わなくなるであろう。

長期的に見れば、ネットの世界でビジネスができなくなるほどの打撃を受ける可能性もある。実際に、私の知っている人で内容にそぐわない価格で販売をした方がいた。

情報ビジネスというのは、買ってからでないと中身がわからないのでテクニックだけでも売れてしまうところがある。結果、クレームの嵐。返金保証を付けているのであればまだ良いが、彼は返品は一切お断りの姿勢を貫いていた。

その後、彼の商品がまったく売れなくなってしまったのは言うまでもないであろう。

情報ビジネス以外の価格マジック

物販の成功例で言えば、１万円の健康食品を３ヵ月パックとして２万５０００円で販売し、成功した例がある。増量して、１万５０００円で販売しても良い。健康食品に限らず物販の場合は、個数をさばくよりも客単価を上げたほうが儲かることが多いのだ。

例えば、パン屋さんの例では、１個の単価が安いので、３０００円セット、５０００円セットというお任せセットを作って成功している。

余談になるが、ネットの世界は極めて匿名性の高い世界である。「２ちゃんねる」などはその最たる例であろう。

匿名性が高いがゆえに、通常の世界では考えられないくらいにスピード感があり、あっという間にウワサが広まってしまうのである。

もちろん、良いウワサであればいいのだが、ウワサというのは得てして悪評が多いものである。前述の彼のように。

私も日頃メルマガ、ブログ、検索エンジンなどから情報収集に努めているが、なぜこんな売り方をするのだろう、という場面を目撃することがある。

例えば、あなたも少なからず目にしたことのある出会い系のスパムメール。彼らの場合は広告

規制が激しいため、それくらいしか方法がないのかもしれないが……。スパムメールというのは、登録した覚えもないのにメールを送り続けてくる迷惑メールのことである。

こういったスパムメールのやり方をビジネス系で応用している人もいる。

もっと正統派の売り方をしても十分に売れるのに、短期間で売りたいのか同じような手法を用いている。

長期的に見たら、絶対にマイナスなのに、と思うのは私だけではないであろう。

また、これからご紹介する値上げの方法を勘違いしてしまい、値上げと値下げを繰り返している人もいる。それはただ単に信頼感を失くしているだけだと思うのだが。

この1〜2年でネット界から引退するならまだしも、末永くビジネスをしていきたいのであれば、クオリティの高い商品を提供し、顧客サポートをできる限りやる、といったビジネスの基本を忠実に守っていくべきである。

長期的に見ればそのほうが絶対に儲かるし、精神衛生上もいいはずだ。

断言する。

ビジネスというのは100メートル競走ではない。長距離マラソンなのだ。

瞬間的に儲けるなんていうのは、はっきり言って知識さえあれば誰にでもできる。一時の月収100万円なんてすごいことでもなんでもないのだ。

もちろん、それ相応の知識があれば、という前提だが。

月収100万円を、5年、10年と続けることのほうがはるかに難しいし、価値があると思っている。

話が横道にそれてしまったが、価格戦略は効果が大きいがゆえに、取り扱いも十分に気を付けなければならない。あくまでも、〝価格相応のクオリティ〟というのが基本である。

ところで、菅野氏は価格をいくらに設定したのであろうか。

私は、菅野氏に価格について聞いてみた。

「菅野さん、値上げ後の価格は決まりましたか？」

「ハイ。ご意見を聞かせて欲しいのですが、2万9800円はどうでしょうか？」

えーっ、ずいぶん強気な人だな。

てっきり1万4800円くらいにするのかと思っていたのに……。

「もしもし、平賀さん？　この価格で大丈夫でしょうか？」

「ハ、ハイ。そうですね、それだけのクオリティがあれば大丈夫だと思いますが、ご自身で高いと思うのであれば、下げたほうがいいと思いますよ」

いきなり2万9800円なんて言うから、話していること忘れちゃったよ。

「クオリティは大丈夫だと思います。前にもお話ししましたが、浮気調査を探偵事務所に依頼しますと10万円くらいするんです。それが自分でできるノウハウですから、妥当な金額だと思います。ただ、もともと9800円で販売していたものですから、大丈夫かなという気持ちはあります」

「2万9800円という価格帯の商品を販売することはまったく問題ないです。ネットビジネスというのは、思ったより高い商品が売れるんですよね」

ちなみにインターネットで、31万円の美顔器が売れるという事例が出ている。しかもネット上の申し込みで。今までは10万円を超える商品の場合、どうしても人の手を入れざるを得なかった。どういうことかというと、資料請求をしてもらって電話でクロージングするとか、説明会に来てもらってクロージングするなど。

しかし、この美顔器の事例が出てから私の考えは変わってきた。ネットで高額商品が売れる。

私のアドバイスに菅野氏は安心した声でこう言った。

「あぁ～、良かった。平賀さんにそう言っていただけると安心します。それでは、さっそくホームページの値段を変えてみます」

オイオイ、気が早すぎるよ。
いきなりホームページの値段を変えたら意味がない。
その前に準備をしなくちゃ。

「ちょっと待ってください。ホームページの値段を変更するのはもう少しあとです。その前にやらなければならないことがあるんです」
「やらなければならないこと？　何でしょうか？」
「メルマガで告知をするんです。何月何日で値上げしますよ、という告知ですね」

ただ単にホームページの価格を変更しただけでは意味がない。そういった時こそ使えるのがメルマガである。一発の爆発力はメルマガにかなうツールはない。価格を変更したりとか、キャンペーンを行なう場合は迷わずメルマガで告知をするべきだ。

逆に言うと、メルマガ以外のツールは一斉告知するような場合にはあまり使えないのである。検索エンジンなどは、どちらかというとボディブローのようにジワジワと売っていく場合に効果的なのである。

菅野氏はやや興奮した声でこう言った。

「なるほど！　つまり、メルマガで告知をすれば、買おうか悩んでいる人の背中を押すことになりますね」

「そうです。これは1週間前から告知をして、最低でも3回はメルマガを送ってください。できれば、期限日の前日と当日は送ったほうがいいですね」

メルマガの告知

値上げやキャンペーンを行なった場合には、メルマガで告知をするのが効果的である。その場合には、直前の1週間に最低でも3回はメルマガを送ろう。とくに締め切りの前日と当日は必ず送ったほうが良い。駆け込み需要が増えるからである。


「わかりました。どんな内容がいいですか？」

「今回の場合は、値上げというよりも価格改定の意味合いが強いですよね。ですから、なぜ2万9800円にするのかを書いてあげたほうがいいです。それから、当然のことながら何月何日までは現在の9800円で販売しますのでお申し込みください、と書いたほうがいいですね」

「さっそくやってみます」

値上げや価格改定をした際に、ただホームページの価格表記を変えるだけでは多くのユーザーに知らせることができない。

多くのネットユーザーはサイトをブックマークして、しばらく検討する人が多いのだ。とくに情報ビジネスはその傾向が強い。

また、物販の場合などは、同じような商品を売っている複数のサイトを比較検討して、最終的に判断することが多い。このあたりがリアルビジネスとインターネットビジネスの一番違うところである。

逆に言うと、ネットの世界は潜在的な顧客が多いため、キャンペーンなどのイベントをメルマガ等でお知らせすることが非常に重要になってくる。

買い手の動向

一般的に商品が高額であればあるほど、即決で買う人は少なくなる。あなたもそうだと思うが、その場合、買い手はライバルサイトを比較検討したり、サイトをお気に入りなどに入れてじっくり検討することになるのだ。

先ほど説明したコンバージョントラッキングは即決で買った人のカウントが上がるようになっているため、あくまでも参考数値であり、正確な数値ではないということである。

さて、菅野氏が値上げメールの結果をメールで知らせてくれた。

＞すごいことが起こりました！「明日、値上げします」の文句が効いたのでしょうか。
＞最終的に、３通のメールで、計57件の注文なり。
＞おかげさまで、価格アップをする前に、大きく売上げを伸ばすことができました。
＞本日より、９８００円から2万９８００円に改定いたしましたので、
＞次回の電話相談でその結果をお知らせいたします。

価格を上げる前に売れるのはわかっていた。問題は大幅な値上げのあと、売れ行きがどうなるかである。少し不安な気持ちで菅野氏との電話相談を行なった。

「菅野さん、価格改定のあと、反応はどうでしたか？」

「実は、価格改定後10日くらい経つのですが、９８００円の時と比べて申し込みが若干落ちたくらいなんです。しかも返品もほとんどありません。うれしいことなのですが、不思議な感じです」

ほう〜。

極端に落ちることなく、返品もないなんて。
これは面白い事例だ。

「1つは、9800円という価格が安すぎたんですね。3万円近く出しても買いたいというノウハウなのでしょう。ですから、マーケットサイズが小さいと思いますので、少ないお客様に比較的高額なマニュアルを販売する、という戦略は合っていると思いますよ」

「なるほど、値上げ自体は成功したということですね。やる前はドキドキしましたが、やってみて良かったです。今月は価格改定の件もあって、先月の倍くらいは売上げがいきそうです」

「ほぅー、そりゃすごいですね。これからも頑張ってください」

マーケットサイズという話が出たので詳しく説明すると、菅野氏がねらっていたのは「浮気に悩む主婦層」である。

ネットの中でのサイズとしては小さい市場と考えられる。いわゆるニッチな市場ということである。

これが探偵業ということになると、もっと市場が大きくなり自己資金のない個人ではなかなか太刀打ちできない。

しかし、菅野氏が提供しているのは探偵業ではなく、探偵業の一部分を冊子にしたマニュアル

をインターネットで販売した。ここがミソなのである。

よく、ライバルの多いところをねらえなどという人がいる。つまり、ライバルの多い市場は顧客の数も多いから、という考え方である。

しかし、そのような大きな市場は資本力がものをいう世界である。そんな世界にお金のない個人が入っていってシェアを取れるわけがない。仮に1％でもシェアを取れれば、という考えもあるかもしれないが、少なくとも私のクライアントで成功した人はいない。

ライバルの多い市場でビジネスをやろう、などというのは資本力のある会社に任せておけば良いのだ。

菅野氏、榮島氏を含めた私のクライアントで成功された方は、ほとんどが小さい市場をねらったビジネスである。もちろん私自身もそうである。

もっと正確に言うと、ライバルの多い市場であっても、その中で特色を出してコアな層をねらっているといったほうがいいだろう。ここをねらうためには〝ずらす〟とか〝組み合わせる〟といった作業をしなければならない。これはあなたの〝耳と耳の間〟で行なうのだ。

市場の選び方

成功率としてはニッチな市場のほうが高い。もしくは、ライバルの多い市場であれば商品（サービス）や価格に特色を出してコアな層をねらうと成功率が高い。

菅野氏の場合は、探偵業界という市場で提供する商品（サービス）を〝ずらして〟成功した。インターネットを使って小資本でビジネスをしたいと思うのであれば、このやり方が一番成功率が高い。少なくとも私のクライアントはこのやり方で成功率80％を誇っている。

実は、これに近い話を30年以上前に本で書かれている方がいる。元日本マクドナルド会長の藤田田氏である。

藤田氏は海外から宝石や高級バックなどを輸入して、デパートに卸していたらしい。ターゲットは富裕層の女性である。当然、高額な商品であるから売上げも上がるし、利益も上がったはずだ。同じように海外からの輸入品を扱っていた業者はほかにもいたのだと思う。その中で、富裕層の女性にターゲットを絞ったというのは、当時としては輸入業者の中でも特色を出している。

つまり、ターゲットを明確にして自社の特色を出したことに成功の秘訣が隠されていたのだ。

➡実践後の月収・菅野氏150万円、榮島氏100万円

鉄則6　価格をアップする

- 売上げが大幅に落ちなければ価格差がそのまま利益につながる
- 価格アップに見合うクオリティであるかを確認する

・価格アップの前にメルマガなどで最低3回は告知（現状価格での売上げも期待できる）
・単価の安いものはセット販売（期間限定なども効果的）で単価を上げる
・サービス系の価格アップはわかりやすくパッケージ化する

検索エンジン対策を強化して集客を数倍にする方法【スタート5ヵ月後の月収・菅野氏150万円、榮島氏100万円】

電話相談を始めてから5ヵ月が経ち、価格戦略の成功から菅野氏の月収は150万円を超え、榮島氏の月収も100万円を超えるようになった。

私の実感として、すでに2人は多くの実体験を積んでいるため自信もみなぎるようになってきた。

そして、いよいよ2人はファーストステージの最後の段階にたどり着く。

菅野氏は、短期間でここまでたどり着いた。ここでさらに売上げを上げ、なおかつ安定させるためにはどうしたら良いのであろうか。

菅野氏が扱っている商材は情報ビジネスの中でも検索エンジンで反応が取りやすい商材である。いわゆる説明の必要のない、わかりやすい商材ということである。

次の電話相談では、検索エンジン対策を強化するようにアドバイスしてみよう。

ヤフー、グーグルに掲載できるポジション

ヤフーに掲載できるポジション

- スポンサー広告（オーバーチュア）
- 正規登録サイト（ビジネスエクスプレス）
- 検索エンジンロボット（YST）

※2004年5月31日まではグーグルの検索エンジンロボットを使っていた。その後、独自の検索エンジンロボットであるヤフー・サーチ・テクノロジー（YST）を採用するようになった。

グーグルに掲載できるポジション

- スポンサー広告（アドワーズ）
- 検索エンジンロボット

「菅野さん、1ヵ月の売上げも200万円前後で安定するようになりましたから、検索エンジン対策をさらに強化しましょう。これをやることによってさらに売上げが上がってきますよ」

「以前にやったヤフーのビジネスエクスプレスとは違うのですか？」

「検索エンジン対策はいろんな種類があります。大まかに分けると、以前やったヤフーのビジネスエクスプレス、それからグーグル検索ロボット対策、オーバーチュア広告やアドワーズ広告などの検索連動型広告があるんです。

菅野さんが現時点でやっていないのはグーグル検索ロボット対策とオーバーチュア広告ですね。この2つをやれば検索エンジンをだいたいカバーできることになります」

（注）2004年上旬の時点では、ヤフーとグーグルが提携をしていたため、ヤフー

で検索をするとグーグルのデータが表示されていた。つまり、グーグル対策をやることがヤフー対策にもなったのである（ヤフーとグーグル提携解消後の対策はのちほど）。

検索エンジンロボット

検索エンジンロボットは各サイトを巡回し、自動的にページの情報を収集して順位を付ける働きをしている。ヤフーとグーグルでは、以前は同じロボットを使っていたが、今では違うロボットが使われている。無料でできる対策ではあるが、知識が必要となる。

「なるほどですね。ボクの場合、ビジネスエクスプレスはやったし、アドワーズ広告もやりました。それ以外でオーバーチュア広告はわかるのですが、グーグルロボット対策ってどういうことですか？　今ひとつ理解できないのですが……」

「グーグルというのはロボットが巡回をして、自動的に表示する順番を決めているんです。つまり、我々はこの巡回しているロボットが好むようなページを作ればいいわけですね。そうすれば、上位表示されるということです。これが〝最適化〟ということなんです」

少しややこしいのだが、ヤフー、グーグルともに、いくつかの掲載可能なポジションがあるわ

"情報漏洩"で検索した「ヤフー検索」

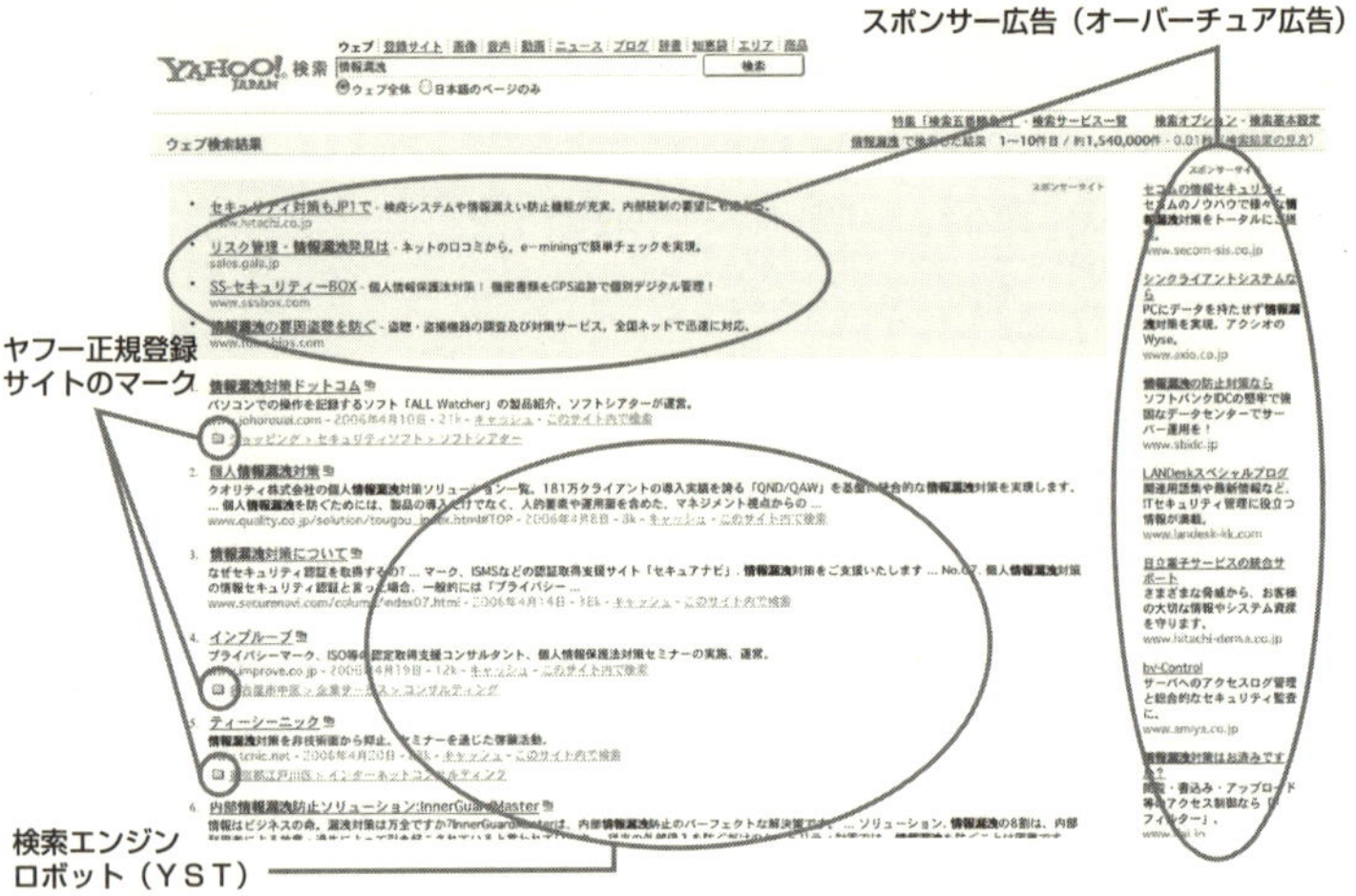

"情報漏洩"で検索した「グーグル検索」

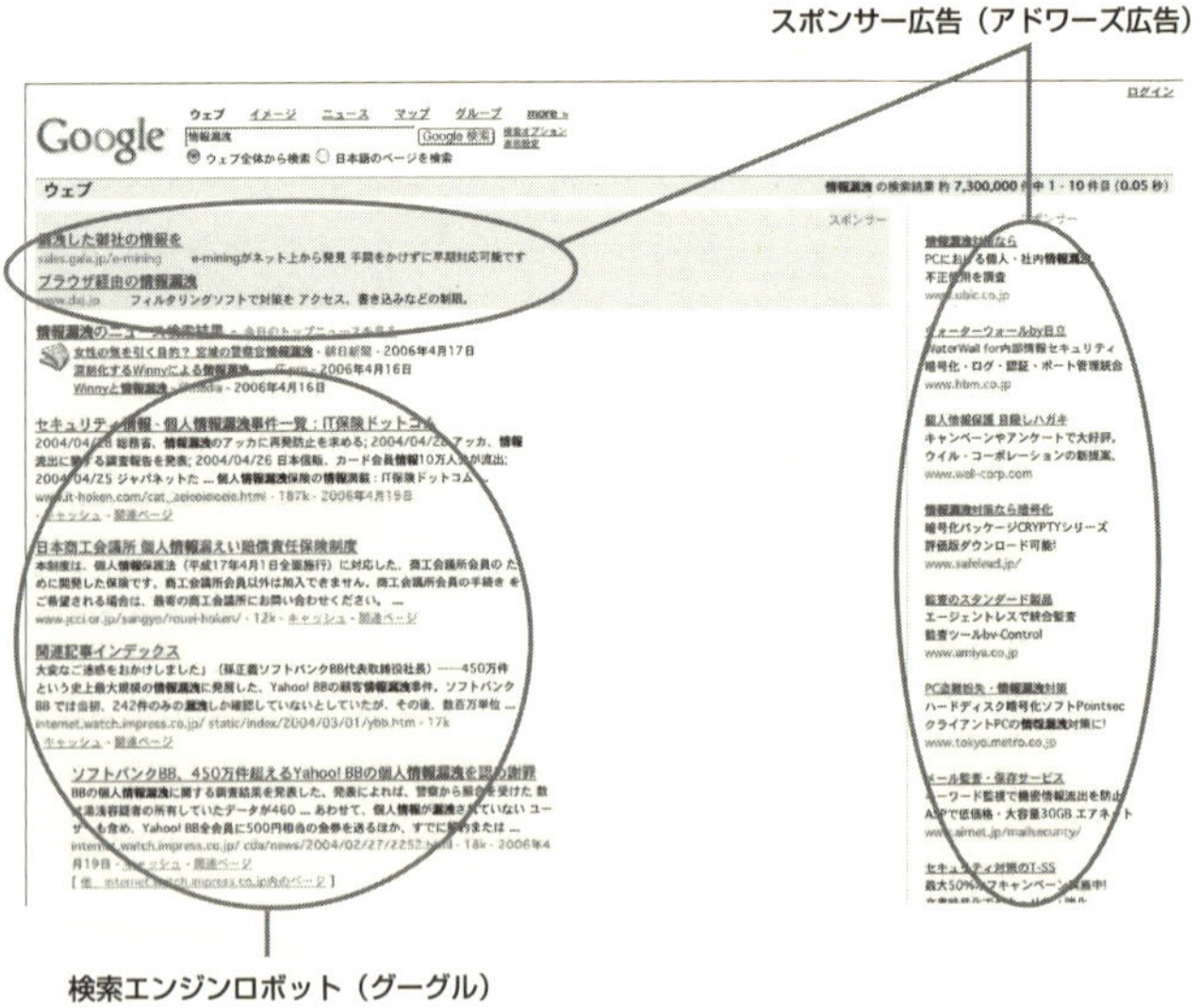

けだ。

例えば、あなたのサイトを掲載しようと思った時に、お金を支払って広告として掲載するのか、それとも無料で掲載するのかということである。広告として載せる場合はお金を多く支払えば上位表示される。無料で掲載する場合はロボットが好むようにページを加工して上位表示されるようにするわけである。


「わかりました！　そういえば聞いたことがあります。キーワードを大きくするとか、太字にするとかですよね」

「そういうこともありますね。具体的に言いますと、まずは上位表示させたいキーワードを決めてください。〝浮気調査〟がいいのかな？」

「浮気調査も取りたいし、探偵なんていうキーワードも取りたいですね。欲張りすぎかな」


欲張りすぎじゃないよ。

〝レシピ〟を取りたい、なんて言われなくて良かったよ……。


「とりあえず、効果のありそうなところで〝浮気調査〟にしましょう。〝探偵〟は激戦ですから個人レベルの対策ですと、上位表示は無理だと思いますよ」

キーワードの出し方を、例を出してご説明しよう。

例えば、ダイエット関係のサイトを運営するのであれば、ダイエットというキーワードは非常に重要になる。

しかし、スポンサー広告で出すにはクリック単価が数百円と高すぎる。次にロボット検索の位置、これは激戦すぎて個人レベルの対策では10番以内に掲載されるのは難しい。

トップページに掲載されないと極端にアクセスが減ってしまうため、意味がないのである。

ここで効果的な方法は、キーワードを2語にすることである。

例えば、「ダイエット　カロリー」にするとかなり絞られてくるため、スポンサー広告やロボット検索の位置にも載せやすくなる。

大企業の場合は、お金をかけてスポンサー広告を出せばいいのであるが、中小企業や個人の場合は、このように**キーワードをずらしたり、組み合わせたりすると有効**なのである。

効果的なキーワードの考え方

「ダイエット」などの大きなキーワードは非常に激戦である。しかし、「ダイエット　カロリー」というように2語にすればかなり掲載しやすくなるのだ。効果が低いかというとそんなことはなく、安定したアクセスをもたらしてくれる。

「キーワードが決まったら、ページをどのように加工したらいいか教えますね」

「ハイ、お願いします」

当時私がお話ししたのは、個人レベルでできる簡単な対策である。

キーワードを決めたあとに、そのキーワードを含む見出しをページの上部に大きく書く。

そのときに考えた見出しは、『浮気調査　探偵が教える浮気発見法！』である。

さらに、〝浮気調査〟というキーワードをページのタイトルと文中にも入れていく。ここで注意しなければならないのは、あまりにも多くキーワードを文中に入れてしまうと、スパム行為とみなされて圏外へ落とされてしまうことである。

ここで言うスパム行為というのは、検索エンジンロボットの基準を超える過度な対策をしていることである。

また、最も重要なのは**「リンクポピュラリティ」**である。どういうことかというと、あなたのサイトに外部からどれだけのリンクが張られているかということである。

これは、多ければ多いほどポイントは高くなり、強いサイトからリンクを張られていればポイントは高くなる。

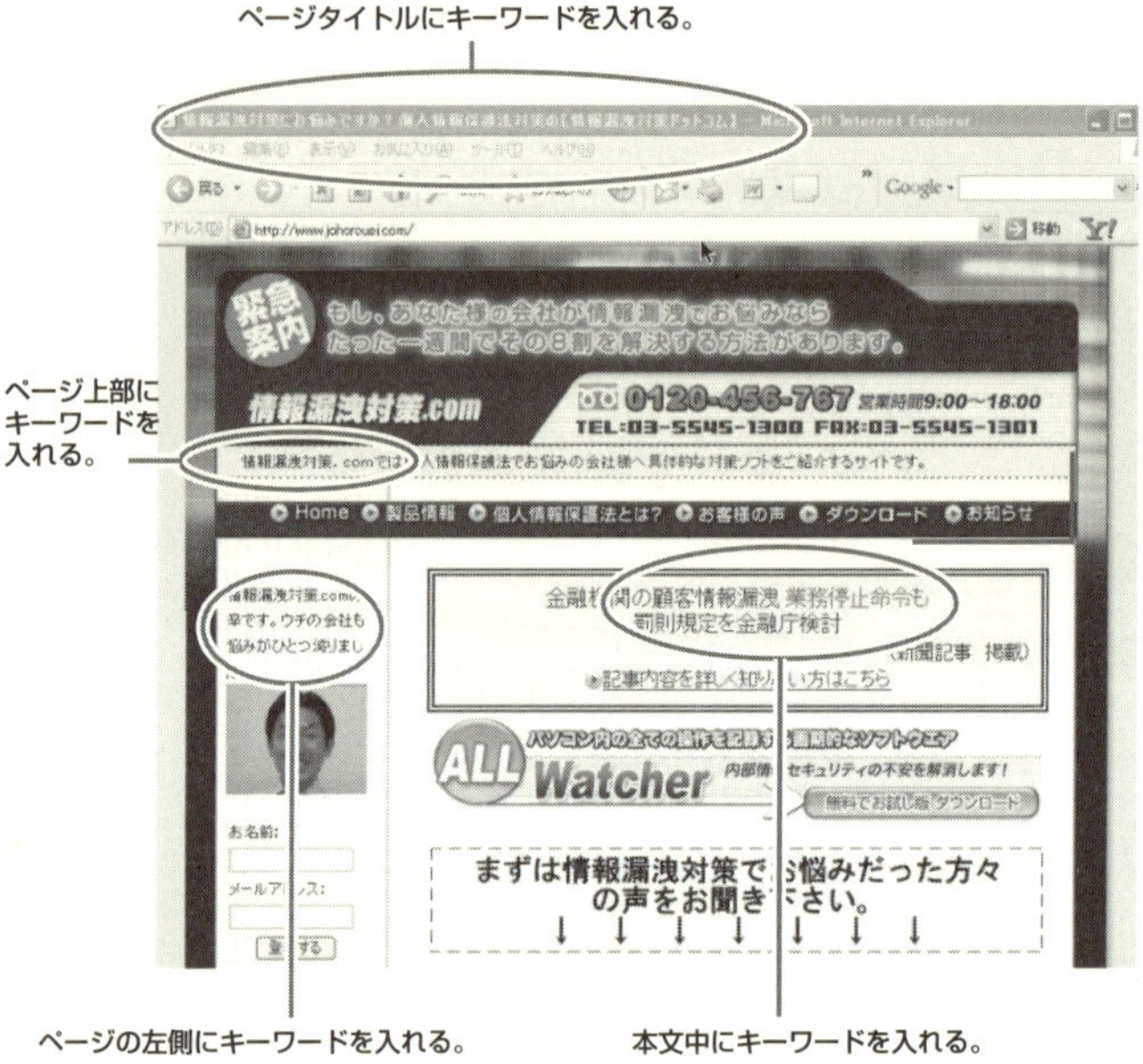

グーグルロボット対策

上のサイトのように○印の部分にキーワードを入れていく。ページのタイトル、ページの左側、そして本文中である。

検索エンジン対策が行なわれている強いサイトからリンクを張ってもらうと効果的である。

慣れてしまえば、検索エンジン対策もさほど難しいことではない。まずは、1つひとつ実際にこなしていくことが重要になる。

さて、菅野氏はこの検索エンジン対策を理解してくれたのだろうか。これはお金を使って一気にやるような方法ではなく、コツコツと積み上げていくような方法なのだ。手間隙がかかるだけに、持続性も高いので

ある。私はこの点についてこう続けた。

「菅野さん、時間がかかると思いますが、今言ったことを1つひとつ実行してください。これだけのことをやれば〝浮気調査〟と検索した時にサイトが上位表示されると思いますよ」

「今教えていただいたページの最適化ですが、お金を払って代行してくれるところってありませんか？」

おっ、手を抜こうとしているな……。
ここは彼のためにも厳しく言ってやろう。

「菅野さんですね、この作業は自分でやったほうがいい。今後2つ、3つとサイトを作っていくわけだから、その時に必ず役に立ちます。今私がアドバイスをしているネットビジネスの全体像をキチンとマスターしてください。そうすれば、私の元から離れたあとでもインターネットが存在する限り一生食べていけますよ」

この段階では、自分でやれる作業は自分でやったほうが良い。

インターネットというのは変化のスピードが速いため、すべて人任せにしてしまった場合、対

策が遅れてしまうのだ。世間に情報が流れた段階では、すでに遅いと思ったほうが良いのである。

「す、すみません。楽をしようとしてしまいました。短期間に１００万円以上も儲かるようになってしまったので、有頂天になってしまって……。修行するつもりでこれからも頑張ります」

『インターネットが存在する限り一生食べていける』

これは私がよくクライアントに対して言っていることである。一生というのは大げさだが、実力さえ磨いておけば少なくとも10年は大丈夫だと思っている。

もちろん、提供するサービスや商品はその時代によって変わってくるであろう。しかし、ネットを使ってモノやサービスを売る、という行為自体は変わらないのである。

ちなみに、ゴルフもその時代によって打ち方が変わるらしい。なぜなら、クラブやボールが進化するため、それに合わせたスウィングにしなければならないそうだ。

ただし、ボールをクラブで打つ、という行為自体は変わらないのである。

今のところ、菅野氏は順調に進んでいる。ところで榮島氏はどうであろうか。

彼も月収が１００万円を超えるようになってきたので、検索エンジン対策をさらに強化したほうが良い。私は検索エンジン対策について榮島氏にアドバイスを始めた。

「榮島さん、検索エンジン対策をさらに強化しましょう。ホームページ作成のようなサービス系はヤフーが一番反応が取れるんです。まずはビジネスエクスプレスでヤフーに正規登録をしましょう」

「実は、ビジネスエクスプレスは先日申請しまして審査も通りました。平賀さんに連絡しようと思っていたのですが……」

「そうなんですか。積極的に進めていくのはとてもいいことですよ。それではヤフーでどういうキーワードで検索できますか？」

「会社名の〝ブラン〟で検索すれば出ると思います」

「あれっ？　何回やっても出ないですよ」

「あっ、すみません。フランス語で〝blanc〟と入れてみてください。今度は出るはずです」


あちゃ〜、フランス語で登録したのか。

タイトルと説明文は検索されやすくて有効なキーワードでなくては意味ないよ。


ヤフーに正規登録する場合、通常ビジネスエクスプレスを利用することになる。申請の際、タイトルに検索されそうなキーワードを入れなければならない。

ダイエットのサイトであれば、「ダイエット研究会」とか「ダイエット相談室」など。

さらに、説明文の中に「カロリーをコントロールする方法を紹介します」と入れておけばかな

りの検索でヒットするようになる。通常、タイトルは会社名となることが多い。これはヤフー側が勝手に決めてしまうのだ。

これを避けるためには、サイトのトップページ上部に大きな文字で「ダイエット研究会」と入れておくと良い。もちろん、特定商取引法のページにも運営は「ダイエット研究会」にするのである。

ヤフーへ正規登録する際の注意点

タイトルと説明文には必ず検索ワードを入れること。タイトルは会社名にされてしまうことが多いので、○○研究会などの屋号を使うと良い。

「確かに出ましたけど、フランス語で検索する人なんていないし、会社名で検索する人も少ないでしょう。説明文のところにも、検索されそうなキーワードが入っていないですね。しかも、カテゴリーが〝地域〟に入っていますね。地域はあまり良くないんです」

「そ、そうなんですか……。事前に相談すれば良かったです」

キーワード選定の間違いだ。
よくあることだけどね。

「確か、私のクライアントでタイトルと説明文を変更できた方がいました。これは無料ですから、ダメもとでやってみる価値はあります。また次回までにオーバーチュアを使って効果的なキーワードをピックアップしておいてください」

榮島氏はキーワードの選定で間違ってしまったようだ。検索エンジンというのは、キーワードを入れて検索するユーザーがほとんどである。

ヤフーやグーグルにはカテゴリー別に検索する工夫もされているが、ほとんどのユーザーは使わない。つまり、いかに**キーワード選定が重要**かである。

キーワードの選定というのは実はさほど難しい作業ではない。

効果的なキーワードの見つけ方

1つ目は、オーバーチュア広告、アドワーズ広告を実際に出してみて、効果測定を行なう。2つ目は、アクセス解析を活用する。

有効なキーワードを見つけるには、オーバーチュアやアドワーズ広告といった検索連動型の有料広告を事前にやってみると良い。

1週間もすればどのキーワードが反応が高いかがわかってくるのだ。

お金をかけずにキーワードを見つけるのであれば、アクセス解析をまめにチェックすると良いであろう。

アクセス解析は、どのキーワードで検索されたとか、どのサイトからあなたのサイトにアクセスされたなどが簡単にわかるようになっている。

私のクライアントで業績が伸びる人は、アクセス解析を毎日チェックしている人が多い。

アクセス解析

アクセス解析とは、あなたのサイトのアクセス（訪問者）がどれくらいなのか、どういったキーワードで検索されているのか、どこのサイトから訪れたのかなどが克明にわかるツールである。とくにチェックして欲しいのは、1日のアクセスと検索ワードである（135ページ参照）。

ところで、オーバーチュアを使っていろいろなキーワードを試していた榮島氏は、有効なキーワードを見つけることができたのであろうか。

私はキーワードに関して聞いてみた。

「築島さん、ロボット対策をするために、前回お話ししました有効なキーワードってわかりましたか？」

「ハイ、『成約率　ホームページ』がかなりいいみたいです。確かに『ホームページ』とか『ホームページ作成』はアクセスが集まりますが、激戦キーワードなので検索されても自社サイトにたどりつくかどうか……」

ホームページ作成業者の場合、「ホームページ」というキーワードが取れれば圧倒的なアクセスを集めることができる。

しかし、激戦のキーワードであるためになかなか上位表示されないのである。

この場合、「成約率　ホームページ」というようなキーワードを2語にすれば比較的簡単に上位表示できてしまうのだ。

「その考えは正しいです。あまりにも激戦のキーワードですと、無数のサイトが出てきますから、なかなか上位表示されるのは難しいですね。『成約率　ホームページ』だったらスグに上位表示されそうですね。

さっそくそのキーワードをトップページのタイトルに入れてください。さらに文章中にも適度

時間別にページビューとビジット（訪問者数）が表示される。

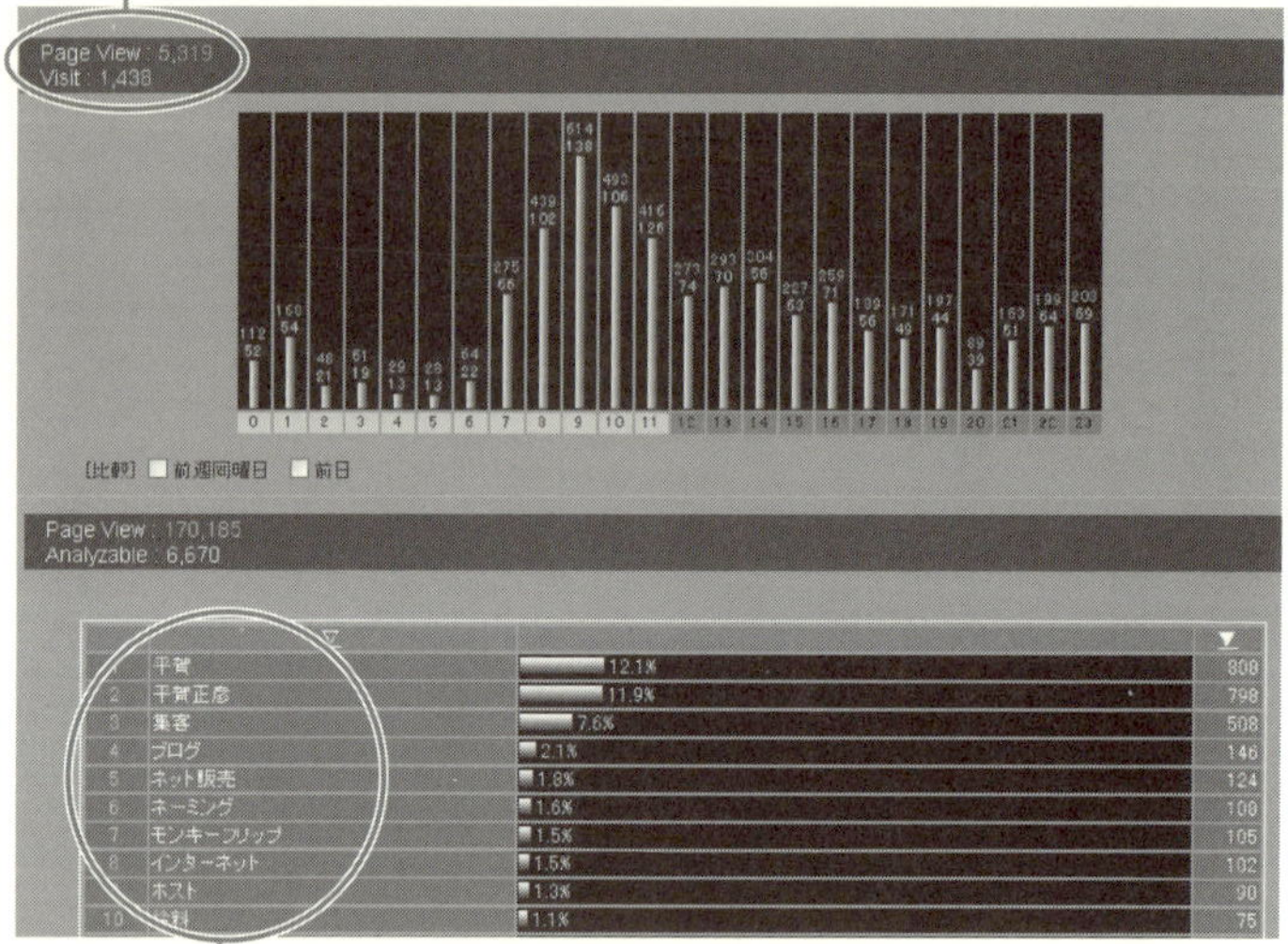

検索ワードが表示される。

に入れてください」

「実はもうやったんです。以前、平賀さんがグーグル対策のことをチラッと言っていましたので、その通りにしました」

おっ、やることが早いな。こっちが言う前にドンドン進めてるよ。

「それで効果は出てきましたか？」

「グーグルで『成約率　ホームページ』と入れてみてください」

「おおーっ、1位じゃないですか！」

「ヤフーでも検索してみてください」

「こっちも上位表示されている！」

何だよ、だったら初めから言ってくれればいいのに。

まぁ、うまくいったのならいいけど。
こういう時は思いっきりほめてやろう。

「榮島さん、すごいじゃないですか。まだ入会して4ヵ月なのに、よくここまでできるようになりましたね。大したものです」

前にも書いたが、当時（2004年前半）はグーグルとヤフーが提携していたため、ロボット対策をやっておくとヤフー、グーグルともに同じ結果が出ていたのだ。もちろん、我々がねらっているのは、グーグルに集まっているユーザーというよりはヤフーのユーザーである。

しかし、このあと検索エンジンの世界で劇的な変化が訪れようとは思いもよらなかったのである。

⬇実践後の月収・菅野氏170万円、榮島氏120万円

鉄則7 検索エンジン対策を強化してさらに集客する

・検索エンジン対策は3つ……オーバーチュアやアドワーズなどの検索連動型広告、ヤフーの正規登録、YSTやグーグルなどの検索エンジンロボット

・上位検索されるような効果的なキーワードを打ち出す
・キーワードは2語にして上位表示をねらう
・ホームページ上にキーワードを入れる……タイトル、見出し、屋号、文中にも適度に
・毎日アクセス分析を行なう

ステップ4

必ずくる
落とし穴を克服して
月収100万円を確保する

この章では順調に売上げを伸ばしてきた彼らに突如襲いかかった数々の不運について話を進めていきたい。

不思議な話なのだが、月収が１００万円を超えるようになってくると、それを阻止するような出来事が起こってくる。これは彼らに限らず、私のクライアントにはよくあることなのだ。

例えば、今までのマーケティング手法が何かの規制でうまくいかなくなったり、顧客とのトラブルが増えたり、家族が病気になったり……。

さてさて、菅野氏と榮島氏に何が起こったのであろうか。

広告掲載は突然停止されることがある

順調に売上げを伸ばしている2人に異変が起きたのは、彼らが私のコンサルティングを受けるようになってから半年を過ぎた頃であった。

その日は菅野氏の電話コンサルティングの日であり、事前にメールをいただいていた。そのメールの内容はアクセスが激減しているとのこと。

さっそく電話コンサルティングでアクセスの減少について聞いてみた。

「菅野さん、アクセスが減ったとメールに書いてありましたが」
「それなんですけど、アドワーズ広告が止まっているみたいなんです。その分アクセスが落ちて、売上げも落ちているような感じなんです。どうしたらいいでしょうか？」
「アドワーズからメールがきましたか？」
「あっ、ハイ。それでは今転送いたします」

彼が転送してくれたメールがこれである。

複数回ご連絡させていただいておりますので、このまま修正が確認できない場合には、アドワーズ広告のガイドラインにご理解いただけないと判断し、アカウントを停止いたします。

お客様におきましては、本メールを ＊＊＊ 最終警告 ＊＊＊ とさせていただきますので、ご了承ください。

ご不明な点がございましたら、メールにてお問い合わせください。

「最終警告って書いてありますね。この警告を破って、基準に反するような広告を再度掲載したわけですね？」

「自分では自覚がないのですが、アドワーズがこのように言っていますから、そうなのかなという感じです。実際のところはよくわからないんです」

「どちらにしても、アカウントが停止されてしまっていますから、もうダメですね」

その後、アドワーズからの最終警告メールは、私や情報ビジネスをしているクライアント数名のところにも届いたのである。

いろいろ調査してみると、今まであいまいだった広告掲載の基準が厳しくなったようだ。以前は、警告があってもアカウントまで停止されることはなかった。しかし、今回はアドワーズも本気である。

ネットの世界が変わっているのは、ヤフーやグーグルなどの大手サイトの権限が極めて強いことである。

例えば、ヤフーの正規登録サイトに申請するためには5万2500円かかるわけだ。内容によっては、15万7500円かかる。

しかし、内容がヤフーの基準に合わなくなってしまうと、一方的に削除される。私のクライアントも一時、大量に削除されるという事態が起こった。

普通であれば、メールなどで事前に知らせるべきだと思うのだが、いつのまにか削除されているのだ。

アクセスが減ってきたな、と思って調べてみると削除されている、ということである。

ただし、これは申請の際、規約に書かれていることなので、こちらでは文句を言えないのだ。

広告規制

有料広告については、常に広告規制のことを頭に入れておいたほうが良い。アドワーズ広告、オーバーチュア広告、ヤフーの正規登録など、これらはお金を取って掲載しているにもかかわらず、一方的に広告を削除できる権限を持っているのだ。

私はこう続けた。

「菅野さん、いろいろ調べてみましたが、私も含めてクライアントの何名かがアカウント停止になりました。アドワーズにも問い合わせをしたのですが、アカウントを復帰させるのは難しいですね」

「あぁ～、やっぱりそうですか。試しに、妻の名前とクレジットカードで登録してみましたが、自動的に広告掲載がストップされます。やっぱり、パソコンをつないでいる回線が同じだとダメ

なんですかね。それともドメイン自体がブラックになっているとか」

「確かに、こちらの回線のＩＰアドレスを認識しているかもしれないですね。ちょっと詳しい人に聞いてみますよ」


その手のことに詳しい友人に聞いたところ、ＩＰアドレスはリセットすれば変わるので、あまり関係ないだろう、とのこと。そうなるとやっぱりドメインがブラックになっているのだろうか。

あらゆる実験を繰り返した結果、パソコンをかえると広告が掲載されることが判明した。

つまり、まったく別の人が私のサイトを推薦のような形で広告掲載すると問題がないのである。いずれはこれも何らかの方法で規制されると思うが。

どういう仕組みになっているのかわからないが、アカウントを開設する場合、パソコン自体を認識しているみたいだ。もちろん、いくつかのチェック項目があってその中の１つにパソコンがあるのだろうと思う。

この時点で、菅野氏の月間売上げは2割ほど落ち込むことになってしまったのである。

彼には面白いところがあって、売上げがグングン上がっている時にはよくメールをくれるのだ。しかし、悪くなってくるとさっぱりメールがこなくなる。最近はメールがないので、気になりながら、電話コンサルティングの日を迎えた。

「菅野さん、いろいろ調べた結果、広告掲載する方法がわかりましたが、かなりゲリラ的な方法ですよ。そこまでして掲載するよりも、別の方法を考えましょう」

「そうですね。ボクもいろいろ考えましたが、何だか面倒になってしまって。それよりも別のマーケティングをするとか、新商材を作って販売したほうがいいと思いました」

やっぱりこの人は違うな。
切り替えが早いよ。

実はこの切り替えができる人ほど業績が上がる傾向にある。

例えば、ホームページを作ったり商材やサービスを用意して、順調に売れていたものが規制によって売れなくなってしまう。そんな時に多くの人は、この規制はおかしいと愚痴を言ってみたり、別の方法で何とか売ろうと考えるものだ。

しかし、菅野氏の場合は、新しいホームページを作って新商品を売ろうと考えているのだ。

「へぇー、新教材ですか。ネタはあるんですか？」

「ええ。恋愛系のサイトを作ろうと思うんです。恋愛の達人を探すことができましたので」

「ネタがあるんだったら、どんどんやったほうがいいですよ」

今でこそこういった恋愛系のサイトは無数に存在するのだが、当時はほとんど存在しなかった

のである。

鉄則8　広告掲載停止も考えておく

・広告掲載が突然中止されてもいいように、分散した集客を行なう
・別の新商品を考えておく

稼げば稼ぐほどクレームが殺到する

一方、榮島氏は週に1～2件の新規受注を受けて、ホームページの作成をこなしていた。この頃にはスタッフも2名に増え、急激な会社の成長に対応しようとしていた。

ある時、私のクライアントで榮島氏にホームページを作成してもらっていた方から、榮島氏がトラブルに見舞われている、というウワサを聞いた。

電話コンサルティングの当日、私はさっそくその件について切り出した。

「榮島さん、クライアントさんとトラブルになったと聞きましたが……」

「実は、ほぼ9割方完成した時点でキャンセルになりまして、お金を支払ってもらえませんでした」

「えっ、それはおかしい。普通はラフ案の段階でOKをもらって、その後、段階ごとに確認を取るでしょ」

「そうなんです。確認もそのつど取っていたのですが、社長ではなくウェブ担当者にOKをもらっていたんです」

「そうであったにしても、その社長は権限をウェブ担当者に委譲しているわけでしょ。契約書は取っていないのですか」

「それが取っていなかったんです……。今回は授業料だと思っています」

この辺が榮島さんのいいところだな。

あんまりくよくよしないし、切り替えが早い。

リストラされてもここまではい上がってきただけのことはあるな。

ホームページ作成会社（サービス系）において、契約書は必須である。

なぜなら、一般の方には作業内容があまりよくわからないため、簡単にできるものだと思っているからだ。

私も以前はホームページ作成を請け負っていたのでわかるのだが、かなりの重労働である。デザインはもちろんだが、システムを組むのもかなり神経を使うし時間もかかる。

しかし、依頼者から見ると、簡単に出来上がったように思ってしまうのは致し方のないところではある。

一連の流れをお話しすると、まずヒアリング。

これは、依頼者がどういったビジネスを行ない、どういった目的のホームページを作りたいのかを聞いていくことだ。

次に、ヒアリングの内容をもとにラフ案を作っていく。

ラフ案というのは、トップページのデザインである。このデザインをもとに全ページを作っていくのだ。

ラフ案のOKが出たら、これをもとに1ページずつ仕上げていく。そして、商品が申し込めるようにシステムを組み込んでいくのだ。

これだけの作業をこなしていくのはかなり大変な作業である。榮島さんのところでは、契約書を取っていなかったため、依頼者がキャンセルするといっても何もできなかったわけだ。

この件があったため、さっそく契約書を作り、支払いもラフ案でOKをもらった時点で半額を入金していただいて作業を始めるようになった。そして、すべての作業が終わった段階で残りの半分を入金してもらうようにしたのである。

契約書・規約

ホームページ作成会社のほかに、私のようなコンサルタントもクライアントと契約書を交わす必要がある。また、サービス系全般においてネット上で申し込みが可能である場合は、規約を載せて同意することを確認してから申し込めるようにしたほうが良い。

この程度のトラブルであれば契約書を作れば問題ないのだが、私自身以前から気になっていたことがあったのだ。続けて聞いてみた。

「榮島さん、そのほかにトラブルとか発生していませんか？　かなり作成依頼もきているようなので、そろそろトラブルが発生する頃かなと」

「先ほどの不払いが、実はもう1件あります。それから……」

「それから？」

「あまりにも注文を受けすぎてしまいまして、作業の遅れに対するクレームが増えてきています」

やっぱりそうだったのか。

実は、榮島氏のサイトに集客する際、業種を問わずに受けてしまっていたことが前から気になっ

ていたのだ。

「やっぱりそうですか。コンサルティングの初めのほうで、このことが一番気になっていたんです。なぜかというと、全業種の作成を受けるような体制にしていますよね。これは業種を絞ったほうが良かったかな、とあとになって思ったんですよ」

「なるほど。業種が決まっていれば半分くらいの労力で作っていけます」

業種を絞れば、作成もシステマチックになって簡単になる。榮島氏の場合、デパート型で作成を受けているため、そのつど一から作らなければならないわけだ。これは大変な負担になる。

さらに続けて私はこう言った。

「ただし、今路線を変更するのは危険なので、しばらくは今のデパート型の受注体制でいきましょう。とにかく、受注の数を榮島さんのほうでコントロールしてください。すべて受けていたら、今いるスタッフが辞めることになりますよ」

「確かにスタッフも音を上げてきています。どうやってコントロールしたらいいのでしょうか?」

受注の数をコントロールするにはいくつかの方法がある。

例えば、キャンセル待ちにする。これは、「行列のできる〜」のように対外的なイメージも良くなる。また、制作料金を値上げしていくという方法もある。

「簡単ですよ。キャンセル待ちにすればいいのです。あるいは、予約制にしてもいいですね。作業の進行状況を見ながら、受注を1ヵ月止める月があってもいいと思うんです。あと、制作料金も値上げしたほうがいいかもしれないですね」

予想した通り、ビジネスモデルに歪みができてしまった。私の中では、コンサルティングを始めた当初、デパート型か業種を絞った専門型でいくのかで葛藤があった。ただし、榮島さんの財政状況も切迫していたので、何でもいいから受注を取ろう、という結論になってしまったのだ。たいていこういった場合、スタッフの負担が増えて、最終的に辞めるなどの事態になることが多い。受注をコントロールして、何とか最悪の事態は避けなければならない。

鉄則9 クレームには即対応する

- ・クレームは次の成長ステップと考えるとビジネスは飛躍する
- ・サービス系の場合は契約書を交わす
- ・申し込みの際、ホームページ上で規約に同意してもらう

ネット世界の常識は一夜にして激変する

2004年春、菅野、榮島両氏はトラブルに見舞われ、下がった売上げを回復しようと必死になって頑張っていた。

そんな中、大きなニュースが飛び込んできた。

「2004年5月31日、ヤフーとグーグル提携解消」

これがどれほど大きな意味を持つのかをご説明したい。

ヤフーというのはあなたもご存知の通り、日本最大のポータルサイトである。前に書いたように、このヤフーを攻略することが集客において最も大きな比重を占める。

ヤフーにあなたのホームページを掲載するには3つの方法がある。

1つ目は、オーバーチュアを利用してスポンサーサイトに掲載する方法。これはユーザーがクリックをするとそのつど課金されるシステムである。

2つ目はヤフーの正規登録サイトになること。

これは有料と無料の方法があるのだが、ヤフーに申請をするとスタッフが1件1件審査をする。

それから3つ目は、検索エンジンロボットが巡回をして自動的に表示する方法。

もちろん、あらゆるキーワードでこの3ヵ所すべてに掲載されれば言うことはない。

しかし、表示基準や予算などの関係で1ヵ所にしか掲載できない場合があるのだ。

今回のヤフーとグーグルの提携解消により、3つ目の掲載方法に大きな影響が出てくる。

ヤフーはそれまで独自の検索エンジンロボットを持っていなかったため、グーグルと提携することによって、そのデータをヤフー上に表示していたのだ。

それが、ヤフー独自の検索エンジンロボット（YST）を開発したことによって必要なくなったため、グーグルとの提携を解消したのである。

今までは、グーグル対策をすればそれがヤフーにも反映されるため楽だったのである。しかし、これからはヤフーには掲載されないからヤフーのロボット対策もしなければならない。当然のことながら、グーグルのロボットとヤフーのロボットは別のものであるから、対策も別になるということだ。

これだけ大きな事態が起こったので、私はクライアントのことが気になっていた。とくに売上げが下がってきていた菅野氏はどうなったのであろうか。

電話コンサルティングの際、私はいきなりこう切り出した。

「菅野さん、ヤフーとグーグルの提携が解消されましたが、アクセスはどうですか？」

「平賀さん、ヤバイです。さらにアクセスが減ってきています。当然売上げも落ちてきています。せっかく順調に伸びてきたのにアドワーズと今回の件でどうにもなりません」

一夜にして状況が変わってしまった。

しかも、その情報が一般に流れるのは数日前だったりするのだ。インターネットはこういったところが怖いのである。この出来事を通して、私はクライアントに偏った集客方法に依存することなく、分散した集客を行なうようにアドバイスしていくようになった。

慌てる菅野氏を諭すように、私はこう言った。

「確かにそうですね。この辺がインターネットの怖いところです。一夜にして状況が変わりますからね。倒産する会社も出てくるんじゃないかな。ところで、恋愛系のサイトの準備はできていますか?」

「ハイ、サイトも作りまして、あとはマーケティングを仕掛けるだけです。今回の件がありましたから、ヤフー対策がかわってきますね」

「ヤフーのロボットがかわりましたから、調査して詳しいことは追ってお話しします。とりあえず、当面はメルマガを中心にやってみてください」

やはり、菅野氏のサイトもアクセスが2割以上減っているようだ。不幸中の幸いは、ヤフーのみの集客に頼っていなかったことである。ヤフーのみの集客に頼っていた会社は倒産する可能性もあるだろう。

ところで、榮島氏はどうなのだろうか。

私は提携解消について話をした。

「榮島さん、ヤフーとグーグルの提携が解消されましたが、状況はどうですか？」

「確かにアクセスは2割ほど落ちました。ただ、今のところクレームの件がありますから受注を控えていますので、売上げに直結するような段階ではないです。受注を再開した時にどうなるのか不安はありますが」

「ヤフーのロボット対策がある程度わかったら教えます。それまで待っていてください」

ヤフーの新検索エンジンロボット、通称ＹＳＴの大きな特徴は、ページ数の多いサイトは上位表示される傾向がある。私がクライアントにアドバイスしているのは、最低でも１００ページ以上作ってください、ということである。

また、ヤフーの正規サイトに登録されているサイトは、登録されていないサイトよりも上位表示される傾向がある。

なぜなら、正規登録されているということはヤフーの審査に合格したサイトだということだからだ。しかも、ビジネスサイトの場合は審査を受けるためにお金を支払っている。その辺を考慮しているのだと思われる。

ヤフーロボット（YST）の対策

グーグルロボット対策に加えて、ページ数が多いこととヤフーの正規登録サイトであることが重要である。ページ数は多ければ多いほど良い結果が出やすくなる。ヤフーの正規登録サイトになる場合、ビジネスサイトでは有料のビジネスエクスプレスというサービスを利用すると良い。

ネットの世界では業務の提携や解消といったことが頻繁に行なわれている。そのため、今の段階で集客がうまくいっていたとしても、数ヵ月後にはまったく状況が変わってしまい、集客がうまくいかなくなってしまうことがある。

こういった会社の提携や解消で極力影響を受けないようにするためには、私がクライアントにアドバイスしている**「フルマーケティング」**という手法を使うことである。

フルマーケティングとは1つの集客方法に頼ることなく、使えるマーケティングはすべて実践する集客方法である。

稼げば生活が変わってしまう

不運は立て続けに起こることが多いといわれているが、2004年前半に菅野氏と榮島氏に起こった事態はまさにその通りであった。

アドワーズの広告停止、制作費用の不払いや作成の遅れからのクレーム発生、従業員の不協和音、そしてヤフーとグーグルの提携解消によるアクセスの減少。

これらのことが同時に起こり、菅野氏と榮島氏もその対応に追われることとなった。

そして、さらに追い討ちをかけるような出来事が身近に起こっていった。

この頃、菅野氏には2人目の子供が生まれ、それ自体は大変めでたいことだったのだが、奥さんが体調を崩してしまったようだ。

そのあたりを詳しく聞いてみると、

「菅野さん、奥さんの状態はどうですか？　かなり体調を崩したみたいですけど」

「ハイ、何とか回復しまして今は自宅に戻ってきています。仕事以外でも最近いろいろ起こりすぎて、ちょっと参っています」

「確かにそうですね。アドワーズ広告の停止から始まって、ずいぶんこの短期間で起こりましたよね。お金が一気に集まってきた時には、こういうことがかなりの確率で起きるらしいですよ。それを克服すれば、次のステージに進めるらしいのですが」

「なるほど、そういう不思議なことってあるんですね」


私もある本で読んだことを菅野氏に伝えたのだが、彼はこの後、ホップ、ステップ、ジャンプのステップを飛び超えて大きく成長していくことになる。

一方、榮島さんもちょうどこの頃、身近な問題で悩んでいた。

それは、ある日の電話コンサルティングの時のことであった。


「榮島さん、今日は元気ないですね。何かあったんですか？」

「ここ数ヵ月、仕事に没頭していましたから、家庭がおろそかになってしまって……」

「奥さんが口を利いてくれないとか？」

「そういうことではないのですが。今まで暇でしたから、お金はなかったのですが家族サービスとかよくしていたんですよ。それがなくなったので、家族の不満が溜まっているみたいです」

「今が一番大事な時ですから、それは仕方ないでしょう。よく説明して、わかってもらうしかないですよ。食事にでも連れて行ったらどうですか？」

なんか、人生相談みたいになってきたな。
しかし、儲かってお金の問題が解決すると、たいてい別の悩みが出てくるんだよな。

「ハイ、そうしてみます」

お金のない時期には、お金のことが一番の悩みだったに違いない。しかし、普通に生活できるくらいにお金が入ってくると、別の悩みが出てくるみたいだ。

というより、別の悩みを探してしまうのかもしれない。いつも悩んでいないと気が済まないところが人にはあるのだろうか。

そして、2人はいよいよ最終ステージに進んでいく。

ステップ5

最終ステージで
月収500～1000万円稼ぐ

サイトを複数持てば恐ろしいほど稼げる【スタート8カ月後の月収・菅野氏200万円】

この章では菅野氏と榮島氏が落ち込んだ収益を回復させ、さらに増やしてなおかつ安定させていったのかについて解説をしていきたい。

菅野氏はビジネスを始めた当初、順調に150万円まで収益を上げていったのだが、広告掲載ができなくなったり、ヤフーとグーグルの提携解消からアクセスが激減。当然のことながら、収益も大幅に落ちることとなってしまった。

しかし、その後ヤフー対策の強化と、同時並行で2つ目の恋愛系サイトを作成したことにより、売上げ合計は300万円、月収は200万円へと伸びていった。

恋愛系のサイトがずいぶんうまくいっているとメールに書いてあったので、今日の電話コンサルティングではその辺を聞いてみよう。

「菅野さん、恋愛系のサイトはうまくいったみたいですね」

「おかげさまで、浮気調査のサイトと同じ構成にして、マーケティングも同じようにしました。やっ

ぱりこのジャンルは売れますね」

「何だかんだ言っても、本能系の商材は売れますよ。とくにインターネットの場合、アダルト系を筆頭に、普通ではなかなか入手できない情報が売れますからね。浮気調査と恋愛系で売上げが300万くらいになったみたいですね。すごいですよ」

「ありがとうございます。ただ、恋愛系のサイトはノウハウ提供者と組んでやりましたから、すべてがボクの収入にはならないんです。ですから、次のサイトを立ち上げようかと企画しています」

菅野氏は実際に会ってみると、長身で男前である。しかし、ナンパなどをするようなタイプではなかったらしい。

情報ビジネスの商材探しをするコツとしては、このノウハウが売れる、と思った時にはノウハウを持っている人から情報提供をしてもらってサイトを立ち上げると良い。

「打つ手が早いですね。次はどんなサイトを考えているんですか？」

「2つのサイトを運営して実績が出ましたので、平賀さんみたいにその成功事例をノウハウにして売ろうかと思うのですが、問題ないですか。もともと平賀さんからノウハウを教えてもらったので、了解を得ないとマズイと思いまして」

サイトを増やすことのメリット

ネタがあるのであれば、情報ビジネスの場合どんどんサイトを作っていったほうが良い。なぜなら、複数のサイトを持っていれば、仮にその中の1つのサイトが落ち込んだとしても、ほかのサイトで補うことができるからである。つまり、1つのサイト、1つの商品で長期的に売上げを立てていくのは至難の業であるということだ。

菅野氏の問いかけに私はこう続けた。

「別にいいですよ。確かにノウハウを教えたのは私ですが、菅野さん自身が考え出したものもありますし、その辺の境界線ってわからないでしょ。仮に境界線がわかったとしても利益の一部をよこせ、なんて言いませんから」

「そう言っていただけるとうれしいです。今考えているのは、情報販売に特化した起業方法みたいなマニュアルを考えています」

「いわゆる起業支援ですね。いい考えだと思いますが、起業系は激戦区なので心配なところはあります」

菅野氏の3つ目のサイトは、いわゆる起業支援のサイトである。実はこのジャンルは大変な激

戦区なのである。すでに会社規模で手広くやっているところや、ベストセラーを連発するような著名人が名を連ねている。

まったく無名の彼がこのジャンルでどこまで通用するのか。当初私には不安があった。

菅野氏はこのあたりをどう思っているのだろう。

「そう言われてみるとそうですよね。ボクの名前なんて誰も知らないだろうし、そんな状況でマニュアルを買う人がいるのかどうか……」

「ただ、インターネットビジネスの場合リスクが小さいですから、やるだけやってみましょう。情報起業に特化しているサイトはあまりないですから」

ということで、2004年度の後半、菅野氏は情報起業支援のサイトを立ち上げることにエネルギーを注いでいった。

「菅野さん、そろそろサイトが出来上がってきたと思いますがどうですか?」

「ハイ。だいたい出来上がりました。今まではウチの奥さんに作ってもらっていたのですが、子育てもありますから、今回は外注で作ってもらいました。こんな感じですが、どうでしょうか?」

さすがセンスがあるな。
普通、お金を持っている写真なんて思いつかないよ。
というか、思いついてもやる人はいないよ。

「ハハハ、面白いですね。お金を持っている写真はインパクトがあります。これは菅野さんのアイデアですか？」

「ハイ、写真はボクのアイデアです。前回、激戦区という話がありましたので、インパクトにこだわってみました」

「それなら見出しは、海外でとても有名なキャッチコピーを使ってみましょうか」

「どんな見出しですか？」

見出しは極めて重要である。インパクトのある見出しを付けると反応率が数倍に跳ね上がることがあるのだ。１週間ごとに見出しをかえて、反応を見るのが良い。

「**○○すると言った時、誰もが笑った。しかし、○○できた時に彼らは……。**というキャッチコピーです」

「へぇー、それは面白いですね。ボクの場合であれば、『1ヵ月で300万も稼げるなんて夢か

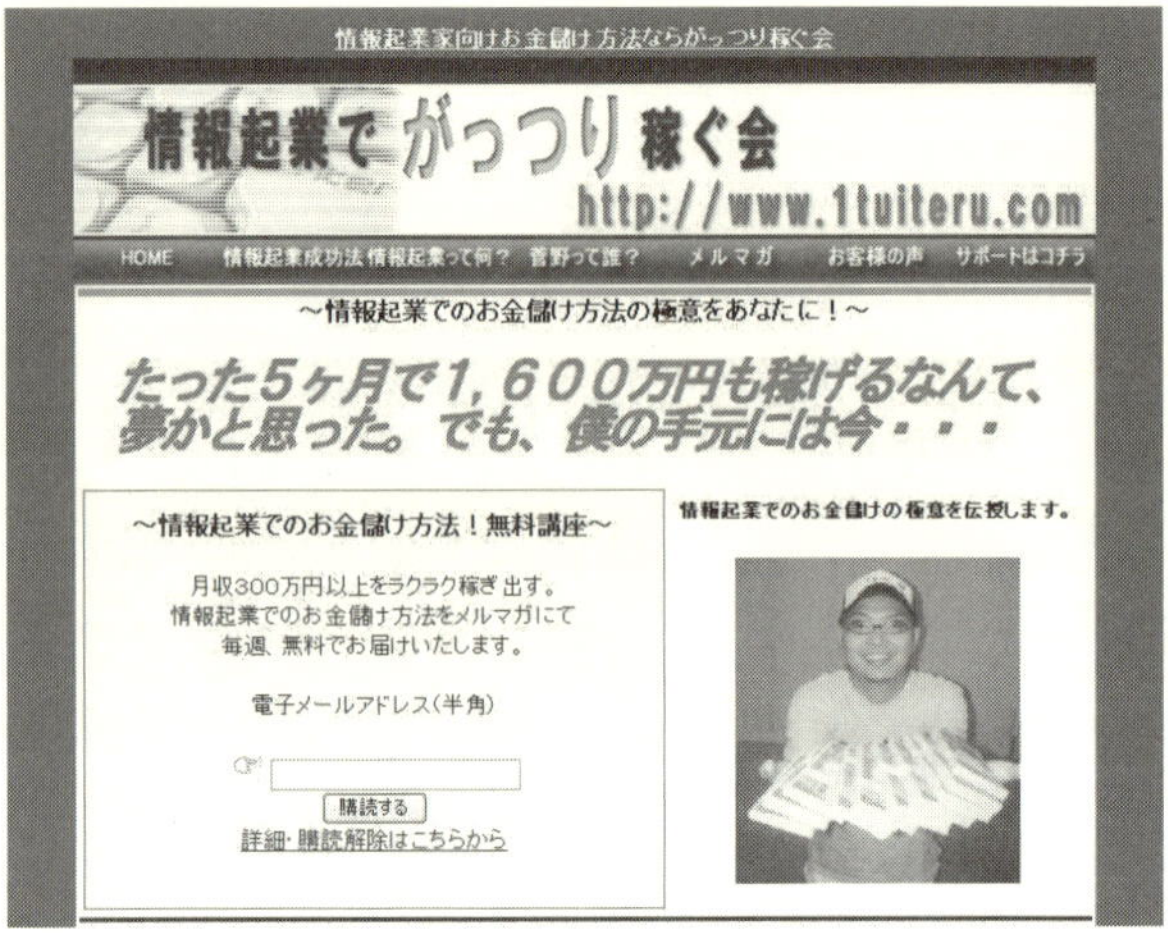

参考サイト　http://www.1tuiteru.com/

と思った。でも今私の手元には……』みたいな感じですか」

「そうです、そうです。これも金額が３００万円だとイマイチなので、５ヵ月で１５００万円とかにしてみたらどうですか？」

というわけで出来上がったのが上のサイト。

「それからマーケティングですが、今回はアフィリエイトを使ってみましょう。Ａ８ネットという日本最大のアフィリエイト運営サイトがあるんです。ここに出品するといい結果が出ると思いますよ。まだ、ほかのクライアントでは大きな成功事例は出ていないのですが、これからはアフィリエイトの時代なのでいけると思います」

アフィリエイト

ネットの世界で売上げを伸ばすために検索エンジン、メルマガと並んで重要なのはアフィリエイトである。これは、自分の商品を他人に売ってもらって、報酬を支払うという仕組みである。

ネットではこういう仕組みが簡単にできてしまうので、アフィリエイトをうまく活用できた人は大きな収益を上げることになる。ここでいうＡ８ネットとは商品の出品者と売り手側（アフィリエイター）を引き合わせるサイトである。

「わかりました。確か１個売れたごとに報酬を支払うんですよね。いくらくらいが妥当でしょうか？」

「私が５０００円でやった時には、反応が高かったとは言えないですね。ですから１万円はどうですか。ただし、１個売れるごとに報酬１万円とＡ８にも３０００円支払わなければなりませんから１万３０００円ですよ」

「利益率が高いので、何とか大丈夫です。それでは、１万円でやってみます」

このアフィリエイトに力を入れたのが１つの転機となった。

自分ひとりだけの集客力というのはたかが知れている。余程ネームバリューがあれば別だが、

無名の彼には当然限界がある。それを補うためにこういったアフィリエイトを利用して、別の人に売ってもらうのだ。

当時はまだまだアフィリエイトのやり方を知っている人が少なかったので、商品を出品しても一部の商品以外はなかなか結果につながらなかった。情報商材で大きな結果を出したのは菅野氏が初めてであろう。

アフィリエイトの話をしてから数週間後、菅野氏と電話コンサルティングをする日がやってきた。結果はどうだったのであろうか。

「菅野さん、アフィリエイト出品して結果はどうですか?」

「すごいことになりました。アフィリエイト経由で100万円以上売上げが上がっているんです」

「それはすごいですね。私もやっていますけど、そんなに売れないですよ。報酬が1万円だからかな」

「それもありますが、実はすごいことを発見してしまったのです。A8に会員向けの広告があるんです。それに広告掲載するとアフィリエイターが激増するんですよ。1回広告を出すとすごい売れるんです」

「それはすごい発見ですね。さっそく私もやってみます」

Ａ８には会員（アフィリエイター）向けの広告が数種類ある。

しかし、当時は利用者が大企業ばかりで、情報商材を出している人は皆無であった。そんな状況で菅野氏が広告を出したところ大爆発したのだ。

実際に私も広告を出してみたが、10万円の広告を出すと１００万円の売上げが上がるような感じである。まさにこの頃は金脈を見つけたような感じであった。
（注）現在はコンテンツによって広告掲載できない場合があります。

「菅野さん、これはすごいですね。この前広告を出したら１００万くらい売れましたよ」

「ですよね。これを毎月やろうと思うのですが、どうでしょうか」

「もちろん、迷わずやってください。１ヵ月に２回やってもいいですよ」


今では同じようなことをやる人が増えてきたため、この当時の結果は得られない可能性が高い。しかし、自分の商品を販売してくれるアフィリエイターを増やすことはネットビジネスにおいて極めて重要である。

２００５年春には、菅野氏の売上げは急上昇。３つのサイトで確実に成長していった。

そして、もう1つの転機といえば、同じような情報商材を販売している人たちと交流を持ち始めたことである。

ネット上には菅野氏と同じような情報販売をしている人がずいぶん増えてきた。菅野氏はそういう情報起業家と交流を深めていったのだ。

これによって、お互いにそれぞれの商品をメルマガなどで紹介するようになった。その結果、売上げはついに月１０００万円を超える領域まで伸びていったのである。

しかし、良いことばかりではなく、売上げが上がるにつれて困った問題も出てくるようになった。

菅野氏からメールで、マニュアルに特典で付けていた相談メールが大量にくるようになり、対応しきれないと連絡があった。

その後、どうなったのだろうか。詳しく聞いてみよう。

「平賀さん、トラブル発生です。ヤバイです」

「どうしたんですか?」

「情報起業のマニュアルにメール相談を付けていたのですが、売れすぎてしまって対応ができなくなってしまったんです。一日中パソコンの前に座っていてもこなしきれません。今後購入される方にはメールサポートを付けないようにしたらまずいでしょうか?」

「う〜ん、本当はメールサポートは付けたほうがいいですね。1日どれくらいくるんですか?」

「50件はくると思います。もともとメールを打つもの苦手ですし、時間がかかるんです」

メール相談

情報商材を販売している人の中には、メール相談を特典として付けている人が多い。購入者にとっては聞きたいことがメールで聞けるため、特典としては人気のあるサービスである。ただし、1日50件を超えるとかなり大変なことは事実だ。50件を超えるような場合は、スタッフを雇うなどして対応しなければならないであろう。

「あまりストレスのかかることを続けても仕方ないですから、いったん止めましょうか。その場合は、きちんとメルマガなどで告知してください」

２００５年5月、この判断がとんでもない事態を引き起こす。

菅野氏がメルマガやサイト上でメールサポート廃止の内容を送ったところ……。

「菅野さん、メールサポート廃止のメルマガ出しました?」

「えらいことになっています！『5月末までお申し込みの方にはメールサポートを付けますが、それ以降は廃止になります』と送ったら、1週間で５００個も売れてしまいました。怖いくらいです」

「へぇー、それはすごい。それで5月の売上げはいくらになるんですか?」

「2800万円です」

「……」

あなたはこの金額を聞いてどう思いますか?

彼がネットビジネスを始めてわずか1年半。しかも、たった1人。

これがインターネットの力である。資本力は関係なしに、アイデアさえあれば個人レベルでとてつもない事態が起こってしまうのだ。

鉄則10 サイトを増やし他人に売ってもらう

- 手法をマスターしたら別の商材でサイトを作る
- アフィリエイトなどで他人に売ってもらう（アフィリエイター向けに売ることでも売上げアップにつながる）
- 商品よってはメールサポートを付ける

さらに価格をアップして劇的に稼ぐ【スタート8カ月後の月収・榮島氏120万円】

商品やサービスの価格を上げれば、上げた分がそのまま利益になってくる。

榮島氏の場合、一度10万円から15万円に値上げをしたのであるが、作成依頼が増えすぎてしまった。そのため、作成が遅れがちになり顧客とのトラブルが発生していたのだ。スタッフのモチベーションも下がっているらしい。

トラブルの件が気になっていたので、今日の電話コンサルティングで聞いてみよう。

「榮島さん、トラブルはだいぶ収まってきましたか？」

「ハイ、スタッフを増員しまして、しばらく受注も止めていたんです。今ではだいぶ落ち着きましたので、前にアドバイスをいただいたように値上げをしまして、受注を再開しているところです」

「値段はいくらにしたのですか？」

「19万８０００円です」

前より4万8000円値上げしただけか。

今の段階ではこんなもんかな。

「いいですね。今の段階ではちょうど良い価格だと思います。ホームページ作成というジャンルは極めて激戦区なんですよ。以前にもお話ししたように、その中で榮島さんの会社がいかに特色を出せるか、ということですね。

成約率を上げるホームページ作成が20万円以下でできる、というところをもっと強く打ち出してください。マーケティングは何をやっていますか？」

「週1回のメルマガ配信と、あとは紹介です」

「そうしましたら、オーバーチュアをやってください。少々高いキーワードに入れてもいいですよ。1クリック100円までなら入れてください。今後はマーケティングを拡大しましょう」

前に価格設定は極めて重要だということを書いたが、榮島さんのように注文が入りすぎてトラブルが起こるくらいになったら迷わず値上げをするべきである。

仮に、これで今までより注文が減ったとしても間違いなく利益は上がるのである。また、価格を上げたと同時にマーケティングを拡大していくと良い。

今までメルマガしかやっていなかったのであれば、検索エンジンで仕掛けてみたり、アフィリエイトで集客をしたりすると、別のマーケットから顧客を獲得することができるのだ。

オーバーチュアで、単価の高いキーワードにも入札するようにアドバイスしてから2週間が経った。結果はどうなったのだろうか。

「榮島さん、オーバーチュアをやってみた結果はどうですか？」

「ハイ、1週間で約1万円使いまして、3件の受注を得ました。すごい効果がありますね。あまり受注を受けてしまうと、またトラブルになりますから掲載を止めました」

「ハハハ、それはうれしい悲鳴ですね。やっぱりヤフーは反応が違いますね。榮島さんのようなサービス系のビジネスはヤフーに限ります」

こういったホームページ作成のようなサービス系ビジネスの場合は、圧倒的にヤフーから反応が取れる。例えば、税理士の顧問サービスなどもそうだ。

オーバーチュアをやる場合、「税理士」というキーワードで掲載すると上位のクリック単価が高いので非常に予算がかかってしまう。

また、キーワードの範囲が広いため、税理士の試験を考えている人などのように見込み客ではない人まで集まってきてしまう。

そういう場合は、「税理士　神奈川」とか「税理士　横浜」などを取っていくとよい。つまり、地域名を入れておけば予算も安くなるし、予定している見込み客も集まりやすいということだ。

値上げをしてさらに売上げを伸ばす

榮島氏のように、トラブルになるくらい申し込みがあったら、受注制限をしなければならない。さらに、価格を高めにしていくと良いであろう。

また、価格を上げたあとにマーケティングも拡大していこう。価格を上げたあとに前と同じマーケティングをしているとうまくいかないことがある。迷わず、今までやっていなかったマーケティングを試していくと良い。

最終的に月収500～1000万円稼ぐ
【スタート1年半後の月収・菅野氏1000万円、榮島氏500万円】

一時の売上げ減少とトラブルを克服して、菅野氏と榮島氏はさらに上のステージへ昇っていった。この間の月収の伸びはすさまじいものがあった。毎月倍増するような感じである。そして、菅野氏は情報起業支援で日本一と言われるほどネームバリューも上がっていったのである。

この間、彼は著名人の講演会にゲスト出演したり、本を出版しベストセラーになるなど大活躍をしていった。当然、月収もコンスタントに１０００万円を超えるようになっていったのである。

榮島氏は一時トラブルが発生したため、どうなることかと思ったが、その後マネジメントの整

備を行ない着実に売上げを伸ばしていった。しかも、この頃、近い将来右腕となるような優秀な人材に出会うことになる。そして、月収500万円以上を得るようになっていったのである。

菅野氏との電話コンサルティングはすでに2年が経っていた。

まさに劇的な変化である。2年前を思うと私も感慨深いのであるが、彼はどのように感じているのだろう。


「菅野さん、電話相談を始めて約2年が経ちましたが、ずいぶん業績が上がりましたね。私もうれしいですよ」

「平賀さんにそう言っていただけるとボクもうれしいです。2年前はギリギリの生活で貯金を切り崩しながら生活していたのが嘘のようです。こんな奇跡みたいなことってあるんですね」

「これは奇跡ではないですよ。ネットという爆発的に伸びている媒体で効果的な方法で商品を販売できた、ということです。

こういう現象って過去にもあったのではないかなと思うんです。高度成長期の時代なんて建設業が儲かってしょうがないくらいだったと思いますし。要は急成長している分野にどうやって参入するかですよね。**ビジネスはタイミング**なんですよ」

「なるほど、確かにその通りですね。ボクもインターネットにドンピシャのタイミングで入ったように思います。これが少し早かったり、また遅かったりしてもここまでうまくいかなかったか

もしれません」

このように、菅野氏が成功した一番の要因はタイミングである。

この年彼は、年商を1億5000万円まで伸ばしていった。まさにタイミングが良かったという典型的な例である。

そのタイミングをつかむためには、常にアンテナを張って準備をしていく必要があるのだ。

菅野氏だけではなく、私のクライアントの中には情報ビジネスをやって年商5000万円を超える人が何名かいる。

それでは情報ビジネスをこれから始める人はタイミングが悪いのか、といわれるとそんなことは全然ない。

今や新規ユーザーが日々流入している状況である。つまり、マーケットが日々大きくなっている状況なので、菅野氏以上の結果を出す人もいずれは出てくるであろう。

ただ、その場合は同じような商材で、なおかつ同じような手法では彼以上の結果は出ないということである

私のクライアントになる2年前は収入が少なかったせいもあり、家族との関係も順調ではなかったようだ。今では、当時では考えられないような収入を手にしていることになる。そのあたりはどのように変わったのであろうか。

「ところで、家族との関係はどうですか？　2年前はずいぶん大変な時期があったと聞いていましたけど」

「いやー、最近はすこぶる好調です。ボクも奥さんも旅行が趣味なんですよ。ただ、2年前はお金もなかったのでなかなか旅行にも行けなかったんです。行けるとしてもドライブ程度だったんです。今は毎月1回必ず泊りがけの旅行に出かけています。まだ、2人目の子供が小さいので遠出はできませんが、下田などにしょっちゅう行っています」

「それは良かった。お金を稼ぐのもいいけど、ただ忙しいだけで趣味の時間もないようだと精神的につらいですからね。それより、奥さんと仲がいいのはいいことですよ」

菅野氏はビジネスが順調にいったことで家庭生活も良くなっていったようだが、榮島氏はどうなのだろうか。

榮島氏は2年前、借金に苦しめられていた。しかし、今ではその借金を完済し、かなり余裕も出てきたはずだ。

今日は電話コンサルティングの日なので、そのあたりを聞いてみた。

「榮島さん、私の電話相談へ入会して2年が経ちますね。どうですか？」

「2年前は、借金の支払いをどうしようか、事務所の家賃をどうしようか、なんてことばかり考えていました。しかし、今年は受注を2〜3ヵ月止めていたにもかかわらず、年商が5000万円を超えました。これは奇跡です」

この人も奇跡かよ。違うのに……。

「菅野さんにも言いましたけど、奇跡ではないですよ。**システムがうまく機能した**からですよ。榮島さんのようなホームページ作成会社の場合、参入した時点でかなりの競合がいましたよね。だから、タイミングとしては必ずしも良かったとは言えないのです。ただ、そのライバル会社がやっていないようなことをシステム化したということですね。アイデアの勝利です」

「確かに、2年前もホームページ作成会社をやっていましたが、その当時は全然受注がありませんでした。ライバル会社はかなり儲かっているような話をその頃は聞いていましたが……。

でも、制作料金やメンテナンスのシステムを変えたところ、マーケティングを少しやるだけで受注制限するくらいになったんですよね。このシステムがユーザーにとって魅力的に見えたのだと思います」

「その通りです。今回うまくいったのは、ライバル会社がやっていないシステムを榮島さんの会社が行なったからです。もちろん、同じようなシステムでサービスを行なっている会社もあった

と思いますが、榮島さんの会社ほど魅力的に見えなかったのです」

榮島氏のシステムがうまくいったのは、何といってもユーザーにわかりやすかったからである。

すると、榮島氏は不安そうな声でこう言った。

「今後、マネをしてくる会社もあると思いますが、大丈夫でしょうか?」

「大丈夫ですよ。すでに榮島さんの場合既存客がいますし、そのメンテナンス費用だけで会社が回っているわけです。この既存客を何名持っているのかが重要なんです。ホームページを2～3個持っている会社もめずらしくありませんから、今後は既存客の中でも再度作ってもらいたいというニーズも出るでしょう。

さらに、同じデザインのホームページを何年も運営する会社も少ないですから、1年に1回くらいは全面リニューアルするところも出てきます。ですから、今後は新規客は月間10件もいらないと思いますよ」

「なるほど。確かに、最近リニューアルの話が出てくるようになりました。あと、紹介も増えてきましたね」

ホームページ作成依頼というのは、今後も増えていくことは間違いない。しかし、同じように

ライバル会社も増えていくであろう。

そんな中でいかに収益を上げるのか。それは、システムをいかに円滑に機能させていくのかが鍵となってくる。

ホームページ作成会社は、典型的な労働集約型ビジネスである。つまり、売上げを上げようと思ったら人が必要になるのだ。1人で作れる範囲は限られている。

顧客の数が今後も増え続け、新規作成や毎月のメンテナンスが200、300となっていった時にどのように対処するのか。

1つは、**業種を絞っていくこと**である。

榮島氏の場合、デパート型の受注をしてしまったため、あらゆる業種が存在する。これを特定の業種に絞ることによって作業を効率化させるのである。業種が絞られれば、同じような作成内容になるため作業が効率化するというわけである。

こういった体制へ徐々に移行することによって、さらなる業績アップにつながっていくであろう。

私は榮島氏にこう聞いた。

「ところで、家族の関係はどうですか？　ビジネスのほうは順調なのでさほど心配しなくてもいいと思うのですが」

「これが、すこぶる順調なんです。優秀なマネージャーが入ってから、最近は時間もできてきま

したし、昔と同じように家族サービスに精を出しています」

「榮島さんって趣味は何ですか？　今まで聞いたことなかったけど」

「趣味はないんですよ。強いて言えば、家族サービスとかですね」

「へぇー、変わった趣味ですね。サービスするから家族サービスって言うんですよ。趣味だったら家族サービスって言わないでしょ」

「ハハハ、そうですね」

鉄則11　ビジネスはタイミングでねらう

・似たような商材では売れない
・業界にはないシステムを打ち立てる
・業種を絞る

ステップ6

最低10年は
月収500～1000万円稼ぐ

同じお客に何度も買ってもらい、1000万円を稼ぎ続ける方法【2年後の月収・菅野氏1000万円超、榮島氏500万円】

この章では、ビジネスをいかに長期的に安定させていったら良いのかを菅野氏、榮島氏の事例を見ながら解説していきたい。

ネットでのビジネスというと、短期間でいくら儲けるという考え方になりがちであるが、長期的に儲かる仕組み（ビジネスモデル）を作ることが重要だ。

電話コンサルティングを始めてから2年を過ぎ、菅野氏は情報起業の第一人者と言われるまでに成長していった。

しかし、彼自身この先も安定した収入を得るための方法を模索していたのである。そんな時、久しぶりに電話で話す機会があった。

「菅野さん、月収が1000万円をコンスタントに超えるようになってからどうですか？」

「ハイ、確かにこれだけの収入があれば何も問題ないのですが、果たしてどれだけ持続するのかが不安なんです」

「なるほど。うまくいったけど、次の悩みが出てきてしまったわけですね。情報ビジネスの一番のネックは売り切りであることです。つまり、同じ人は同じ商品を2回買わないですから常に新規の顧客を探さなければならない。これが一番つらいところですね」
「そうなんです。半年後、1年後もこの売上げが維持できるのか不安なところです」
「解決策は簡単ですよ。リピートするような商材、またはサービスを考えればいいのです」

菅野氏のような情報販売をやっている人の一番のネックは、お客様が1回しか買わない商品を提供していることである。

だから逆に、同じお客様が何回も買うような商品やサービスを提供すれば、長期的に安定したビジネスを構築できることになる。

例えば、毎月の教材としてCDを送る、という月額課金の手もある。しかし、私の知る限りCDを毎月送るというビジネスモデルで成功しているのは著名なほんの一握りの人である。

無名の人がやってもまず集まらない。あなたなら著名なAさんと無名のBさんが同じサービスをしていたら、どちらに入会します？

リピートさせるビジネスモデルは起業家にとって極めて重要である。この点、榮島氏はどうであろうか。

榮島氏のビジネスはホームページ作成会社である。普通は、ホームページを作成してその制作

料金をいただくことになる。もちろん、榮島氏の場合も制作代金をいただくわけだが、契約の際に6ヵ月間の管理費も契約することになっている。

つまり、6ヵ月にわたって毎月1万5750円（税込み）をいただくことになるわけだ。この管理費というのは、サーバーレンタル費用、ドメインの費用、それからホームページのメンテナンス費用が含まれている。顧客にとってはこの金額でメンテナンスができるのは極めて良い条件である。

この管理費を契約されている顧客が100社になれば、150万円を超える管理費収入が6ヵ月間にわたり毎月入ってくることになる。もちろん、6ヵ月を過ぎたからといって解約する人はほとんどいないため、長期にわたって安定した収益が発生するというわけだ。

現状で毎月10件の新規顧客を獲得できているため、単純計算で年間120件のホームページを作成することになる。そして、管理費の契約も同じく120社と交わすことになるのだ。

同じ人に何度も買っていただくというビジネスモデルは、とくに起業当初の人に有効である。なぜなら起業当初というのは、資金も少なく、あまりお金をかけることができない。

ビジネスを行なううえで最もお金がかかるのは、新規顧客の獲得である。インターネットの場合、まだまだほかの媒体に比べれば安いのではあるが、今後はもっと上がってくることが予想される。

つまり、同じ人に何度も買ってもらえば、新規顧客の獲得は榮島氏のように必要最低限で十分

というわけだ。

物販の場合も同じように、リピート性の高い商品を扱ったほうが良い。代表的な例としては、健康食品である。例えば健康茶を扱っているとする。内容量が1ヵ月でなくなるのであれば、その時期がきたらメールでお知らせをするわけである。

できるだけ価格が高く、利益率の高い商品を扱ったほうが良い。そして、リピート性が高ければ少ない顧客でも安定した収益が見込めるのである。

鉄則12　同じお客に何度も買ってもらう（コミュニティ化する）

・物販系はイチオシ商品をホームページやメルマガで紹介してリピート率を高める
・サービス系は毎月の収入を得る仕組みを作る

会員制のビジネスモデルで永遠に稼ぐ

ホームページ作成サービスや健康食品などのリピート率の高いものであれば、同じ顧客に何度も料金を支払ってもらうことができる。

しかし、菅野氏のような情報ビジネスの場合、同じ商品を何回も買うということはないわけである。その場合にどうしたら良いのか。それは、会員制のビジネスを始めることである。これは私もやっているのだが、電話コンサルティングをやって毎月顧問料をいただくわけである。今日は電話コンサルティングの日なので、菅野氏にそのあたりをアドバイスしてみよう。

「リピート性のある商品やサービスというと、平賀さんのやっているような電話相談みたいなものになるんですか？」

「その通りです。いわゆる会員制ビジネスというやつですね。私の場合は、個別に電話コンサルティングをして1ヵ月3万円をいただいています。1年契約ですから、年間で言うと36万円になるわけです。決して安い金額ではないですよね」

「でも、ボクもそうですが多くの方が成功されていますから、今思えば安いですよね」

「ですから、菅野さんの場合はこういう会員制のビジネスを行なったほうがいいと思いますよ」

「で、でも、平賀さんのように電話相談ができるかどうか……」

「だから、電話相談をメインにしなくてもいいと思うんですよ。私の場合は電話相談をメインにしていますが、ほかの例で言うとニュースレターを毎月発行している人や、定期的に面談している人もいますよね。手っ取り早いのは、私も時々やりますが電話セミナーがいいかもしれないですね」

「電話セミナー？　電話を使ってセミナーをやるんですか？」

電話セミナー

電話セミナーとは、特殊な回線を使って電話でセミナーをやることである。アメリカのコンサルタントなどは数千人規模の電話セミナーを行なったりするそうだ。メリットは、実際に会場をセットしなくても手軽にセミナーを開くことができることと、遠隔地に住んでいる人でも参加できることである。

「そうです。そういうサービスを提供している会社があるんですよ。私の使っているところは1000人まで参加できると思いましたが、会社によってはもっと参加できるところもあるみたいです」

「なるほど。これを使えば一度に多くの人をサポートすることができるわけですね。電話セミナーをメインにして、個別のメール相談とか、会員専用の掲示板などを使えばいいかもしれないですね」

「ええ。電話セミナーであれば事前に考えておいた内容を話したり、あとは対談などもいいと思いますよ」

コンサルティングのようなビジネスをしている場合、迷わず会員制ビジネスを行なうと良い。メニューはいろいろ考えられるが、やはり個別の対応が求められることが多い。例えば、個別の電話相談、個別の面談、個別のメール相談などである。

会員制ビジネスには、大きく分けると2つのメリットがある。

1つ目は、収益面が安定することだ。同じ人が毎月一定の料金を支払ってくれることになる。例えば、月額3万円の会費で50名が入会していれば、毎月150万円の売上げになるわけだ。しかも純利益なのである。これは、極端に会員数が減らない限り、ある程度長期にわたって収益を見込むことができる。

逆に、前にもご説明したが情報ビジネスは単発売りになりがちである。同じ人が同じ商品を何度も買うことはあり得ない。仮に複数の商品を出したとしても、売上げを長期にわたって安定させるのは至難の業なのである。常に新規顧客を獲得しなければならないのだ。

2つ目は、ノウハウを仕入れることができるということだ。これは私自身もそうなのだが、会員数がある程度いればいろんな成功事例が集まってくるものである。そうすると、1人のクライアントから出た成功事例をもとに、ほかのクライアントに横展開することができるようになるのだ。

もちろん、良質な情報を提供すれば、会員制ビジネスはクライアントにとっても満足度が高いものである。単なる情報商材だと、どうしても一方通行になるため、満足度が低くなる可能性があるのだ。

鉄則13　会員制ビジネスのモデルを作る
・情報ビジネス系は電話相談、電話セミナーなどを行なう
・マンツーマンで指導する場合は料金を高めに設定する

複数の収入源で永遠に稼ぐ

ビジネスを長期的に安定させるためには、複数の収入源を持つことが必要になってくる。

菅野氏の場合であれば、従来のマニュアル販売と合わせて今後は会員制ビジネスを行なうことである。さらに、セミナーを定期的に開催する方法もある。また、彼自身、集客力があるので、ほかの人のマニュアルを紹介するなどしてアフィリエイト収入を増やすこともできる。

つまり、やりようによってはいくつもの収入源を簡単に確保することができるのだ。そんなことを考えている時に菅野氏との電話コンサルティングの日がやってきた。

「菅野さん、前回お話しした会員制ビジネス以外にも複数の収入源を持てば収益が安定してきま

すよ」
「例えばどんなものがあるんでしょうか？」
「定期的にセミナーを行なったり、菅野さんのメルマガでほかのマニュアルを紹介してアフィリエイト収入を増やすという手もあります。サイトを複数持つ、という考え方と同じですね」

ネットの世界ではアフィリエイトやドロップシッピングなどという稼ぎ方がある。アフィリエイトというのは、他人の商品を売って販売手数料をもらう方法。ドロップシッピングというのは、在庫を持たずに商品を販売する方法である。

厳密に言うと両者は違うのであるが、商品を販売して報酬をもらうという点で同じようなものだと理解していただければいいと思う。

つまり、ネットの世界はさまざまに稼ぐ方法があり、しかも、少ない資金で行なうことができるのだ。

情報ビジネスをメインの柱として、その他アフィリエイトやドロップシッピングでも稼ぐ。私のクライアントにはこんな稼ぎ方をしている人も多数いる。いわゆる複数の収入源を持っているのだ。

こういったことをやっている人は、比較的年齢の若い人が多い。20代前半から30代くらいであろう。やはり、こういったネットの情報に敏感な層である。

もちろん、40〜50代の人でもネットでガンガン稼いでいる人はいるので、若ければいいというものでもない。要はいかに**情報にアンテナを張っているか**ということである。

一方、榮島氏もホームページ作成業のみの売上げだけでなく、別の方法で稼ぐこともできるのだ。例えば、ホームページのテンプレート（ひな形）販売などをすればどうだろうか。

今日の電話コンサルティングでアドバイスしてみよう。

「榮島さん、今のホームページ作成業だけですと、どうしてもスタッフが必要になりますよね。今以上に売上げを伸ばそうと思ったら、スタッフを増やすしかないわけです。この辺、どう思いますか?」

「その件は、最近になってよく考えているんです。例えば、ホームページのひな形を作って、それを売るというのはどうですか?　そうすれば、スタッフも増やす必要がなくなりますし。初心者が一番苦労するのはホームページの枠だと思うんです。文章とか写真を入れるのはさほど難しくないですから」

なんだ、榮島さんも同じことを考えていたのか。

「いいですね。テンプレートは売れると思いますよ。この色違いを何種類か作って、安い価格で

販売するといいですね。また、業種によって分けたりするともっといいと思います。例えば、情報販売専用テンプレートとか、物販系専用テンプレートなどですね」

榮島氏の場合、ホームページ作成サービスがメインの柱になっている。

これは一からホームページを作るため、ある程度の料金が必要となる。しかし、その10分の1くらいの値段でユーザーが一番苦手としている枠の部分を提供すれば、新しい収入源が生まれるというわけだ。ユーザーはこのテンプレートを使って、文章や写真を入れれば簡単にホームページを作ることができる。

このように、価格帯を変えたサービスを提供することによって複数の柱を作ることも有効である。

さらに、榮島氏の場合、ホームページを作成した際に集客に関するアドバイスをすると、収益源がもう1つ増えることになる。

いわゆる、コンサルタント的な活動をしていくわけだ。

プロに依頼してホームページを作ったのはいいのだが、その後どうやってアクセスを増やしたらいいのか、商品をどうやって売ったらいいのか、悩んでいる人はとても多い。ホームページを作っても売上げが上がらなければ意味がないからだ。

そういう意味では、ホームページ作成とコンサルティングが一体になっているサービスはとても需要が高い。

実は、私が独立した当初はこのサービスを中心にやっていた。サービスの売りは、ホームページ作成からマーケティングまで、ということである。

このサービスは当時非常に感謝された。なにせ、作成から集客までをすべて行なうわけである。依頼者としてはとても楽なわけである。

ただしビジネスの欠点としては、すべて1人で行なっていたため、多数の方の依頼を受けられない点である。

鉄則14　複数の収入源を持つ

・ビジネスを安定させるためには1つの商品やサービスに固執するのではなく、複数の商品やサービスを持つ

・アフィリエイトやドロップシッピングといった稼ぎ方も考える

最低10年は稼ぎ続けるためにすべきこと

知らないうちにライバルが激増している。しかし、本人はそのことにまったく気付いていない。

これが今のインターネット事情である。

菅野氏のネームバリューが上がってくるにつれ、彼のサイトをマネしたようなサイトが多数見受けられるようになっていた。この現象は彼自身もかなり気にしているようであった。

「最近いろんなサイトを見ているのですが、菅野さんのような商材を売っている人が非常に増えていますね」

「そうなんです。今日はそのことで相談しようと思っていたのですが、情報起業マニュアルを販売してからマネする人が激増してしまいまして……。売上げが大きく落ちているわけではないのですが、今後どうしたらいいのかな、と思いまして」

「これだけ菅野さんのマニュアルが売れてくると、当然マネする人も出てくるでしょう。でも、マネはしょせんマネですよ。多少影響は出るかもしれませんが、売上げが落ち込むということはないと思いますよ。できれば、今のタイミングで会員制ビジネスを行なうといいですね」

「ハイ。それは今準備しています。サービス内容も決まりましたので、サイトも作りました。あとは集客するだけです」

2004年にブログの大ブームがあった。芸能人やスポーツ選手がこぞってブログを立ち上げ、それにつれて多くのユーザーがブログを立ち上げたのだ。

その結果、ブログでビジネスを行なう人も多くなっていった。ブログでアフィリエイトを行な

って小遣い稼ぎをする人はめずらしくなくなっていったのだ。

数年前には全世界のウェブページ数は40億といわれたが、２００４年度のブログブームもあり２００５年半ばには１００億を突破。そして、今や全世界のウェブページ数を正確に把握することは至難の業である。

日々激増していくライバルの中で、自身の商品を買ってもらうのはこれからますます難しくなっていく。そういった状況の中でいかに売上げを上げていったらいいのだろうか。

２００４年度まではただ単に自身のサイトのアクセスを増やせば売上げが上がった。今思えば、古き良き時代である（ネットの世界はそれほど速いのだ）。

２００５年度に入ると前述のようにサイト数が激増したため、サイトの成約率を上げる手法を使うことになった。実際、私のクライアントはこの手法で売上げを簡単に倍増させていったのである。

では、**２００６年度以降**はどうなるのか。

やはり、**「誰に何を提供したらいいのか」**ということを真剣に考えなくてはならない。いわゆる、**ターゲット（顧客）と商品のマッチング**である。実際に、ビジネスを始める前にこれを考えていたクライアントは激戦区の中でもぶっちぎりの売上げを達成した。

同じようなサイトが乱立する中で、「誰に何を提供したらいいのか」を真剣に考えたサイトだけが生き残る時代に入っていったのだ。しばらくこの傾向は続くであろう。

例えば、初心者向けには初心者用のわかりやすくて簡単なホームページ作成テンプレートを提供する。

あるいは、初心者向けに情報ビジネスの始め方マニュアルを作成して販売するとか、アフィリエイトやドロップシッピングをしたい人向けに、サポートを開設するなどである。

インターネットというのはとてつもない速さで動いている。これを「ドッグイヤー」というらしい。意味は、1年で7年分進むということである。

このスピードに対応するためには、常にアンテナを張って知識を吸収しなければならない。3ヵ月この状況から離れてしまったら、取り残されてしまうであろう。

ネットビジネスをされている人はこの程度では大丈夫かもしれないが、私のようなインターネット専門のコンサルタントの場合、それは死活問題となってしまう。

一方、榮島氏のやっているホームページ作成業も以前に増して激戦になってきている。

課金の仕方やサービスの内容も2年前に比べるとかなり工夫をしてきている。榮島氏の会社も安泰とは言えないので、今日の電話コンサルティングではそのあたりを話してみよう。

「榮島さんの業界はもともと激戦区でしたが、最近はもっとすごいことになっていますね」

「確かにその通りです。月額3万円の5年リースでホームページを作成している会社もありますし、いろんな特色を出して受注を取ろうとしていますね」

「なるほど。榮島さんのところは何か対策を考えていますか。これからもずっと同じ体制では生き残っていけないかもしれないですよ」

「ハイ。今まではホームページ作成のみをやっていましたが、先日アドバイスしてもらったようにテンプレートの販売を考えています。あと、ブログ作成サービスも部署を分けて本格的にやろうと思っているんです。今までは、ＨＴＭＬの普通のホームページでしたが、オリジナルのブログを作ることができるようになりました」

「へぇー、それはすごいですね。ブログの場合、検索エンジンと相性がいいとか、自分ひとりで簡単にメンテナンスができるなど、メリットも多いですよね。とてもいい方法だと思いますよ」

榮島氏は今までの単一サービスに加えて、初心者向けのテンプレート販売とオリジナルブログの作成をすることにしたそうだ。これは大変良い選択である。

榮島氏の場合、既存顧客からいろいろな要望を聞いている。おそらく、ブログでサイトを作って欲しいなどの要望があったのであろう。

起業当初は単一のサービスを展開するほうが成功する確率は高い。

しかし、ある程度の収益が上がり、ライバルが増えてきたら、顧客のニーズに合わせてサービスを増やしていったほうが良い。もちろん、日頃から顧客の声に耳を傾けていないとニーズのないようなサービスを作ったりするので、注意が必要である。

今後、ライバルの数は数倍に膨れ上がっていくであろう。これは２００４年のブログブームがもたらした結果である。

それではどうしたらいいのか？

これからは、提供する商品やサービスとターゲット（顧客）のマッチングを考え、マーケティング、成約率のアップを行なっていかなければならない。すでに、ネット初心者向けの商材やサービスが売れることがわかっている。なぜなら、ネットユーザーが日々爆発的に増えている状況にあるからだ。

ステップ7

もしあなたがゼロから
スタートするのなら……

私もスタートはゼロからだった

私がインターネットを使ってビジネスを始めたのは2001年の後半。その頃、私はパチンコ店の店長をしていた。

もともとパソコンが趣味で、暇さえあればインターネットを見ていた。当時高価だったノートパソコンを無理をして買って、持ち歩いていたものである。

ある日、匿名掲示板の「2ちゃんねる」を見ていた時のことである。パチンコ関連の書き込みを見ていると、「店長さん、教えてください！」という書き込みを目にしたのだ。

その時に思ったのは、「我々店長だけが知っている専門知識を知りたがっている人がいるんだな。もしかしたら、これをマニュアルにして販売すれば売れるかも？」ということである。

思いついたら即実行。

さっそくホームページ作成ソフトを買って、見よう見マネでホームページを作成した。当時、ホームページ自体は大して苦労しなかったのだが、注文の部分は苦労した。CGIプログラムというものがまったくわからずに、ネットを探しまくってようやく完成させたのである。

さらに、同時並行でパチンコ店に来ているお客様で勝率の良い人をパターン化し、それを36ペー

ジのマニュアルにまとめたのだ。

すべてが出来上がった時、ふと疑問に思うことがあった。このマニュアルをいくらで販売したらいいのか、ということである。

今でこそ情報販売といわれているが、この当時インターネットでそんなことをやっているのは一部の著名コンサルタントだけであった。少なくともパチンコの分野ではマニュアルにして販売している人はいなかった。

見当がつかなかったので、妻に聞いてみることにした。


「あのさ、こういうマニュアルを作ったからインターネットで販売しようと思うんだよね。価格は1万円くらいにしようと思うんだけどどうかな?」

「ちょっと見せて」

妻は私の差し出したマニュアルを手に取りながらこう言った。

「こんなの1万円で売れるわけないでしょ。売れたとしても3冊くらいかな。1000円くらいにしたほうがいいと思うけど……」


よし、売ってやる!

妻の発言を聞いて、私は異常に燃えたのを覚えている。

ただ、その当時はまだサラリーマンだったので、職場の部下に聞くわけにはいかない。妻しか聞く相手がいなかったのだ。

1000円……。

3ヵ月もかかって書いたんだぞ。しかも、このノウハウは10年もかかってパチンコ業界で得たノウハウなんだぞ。

よし、何が何でも売ってやる！

と、意気込んだのは良かったが、結局は弱気になって5000円で販売することに。

これがのちになって大きな後悔をすることになるとは……。

販売体制はできた。ホームページ上で注文もできる。

ホームページを公開した翌日、なぜか注文が入った。

えっ？　どこでこのサイトを探したんだろう？

さっそく妻に報告。

「もう売れちゃったよ。5000円ゲットだぜ。どうだ、すごいだろ！」

「えっ？　売れたの？　すごいねぇー」

これで私も大金持ちか、と思ったとたんにサッパリ売れなくなった。それはそうである。だって、マーケティングを一切していないのだから。

それからの1週間はパソコンとにらめっこである。仕事中以外はすべてパソコンに向かう日々。その当時のネットマーケティングは極めて単純なものである。

まぐまぐのメルマガを発行する、ランキングサイトに登録する、掲示板に書き込む、中小の検索エンジンに登録する、この程度である。しかも、お金はかからない。

今では面倒くさくてとてもやれないが、当時は片っ端からやっていた。メルマガなどは7誌も出していたのだ。ランキングサイトにもガンガンに登録をしていた。

そんな苦労もあり、恐ろしいほど売れるようになっていった。まさに沸点を迎えたような感じである。

このあと、新しい商材を次から次へとリリースし、月間の販売数は最高で400件。平均でいうと月間200件くらい。このペースで3年間も売れる長寿サイトとなっていったのだ。

今でも悔やまれるのが価格である。最初に価格を5000円にしてしまったため、目に見えない損失を出していたのだ。後半で9800円に値上げしたのだが、売れる個数は変わらなかった。つまり、価格を上げた分はそのまま売上げの増加分になったのである。

これを最初からやっていたら……と思うと大層悔やまれる。

ビジネスを劇的に変化させる瞬間は誰にでもある！

パチンコで稼ぐマニュアルを販売していたところ、実践マーケティング協会の園代表と知り合うことになる。

知り合ったというよりも、私が園代表の電話コンサルティングを申し込んだのがきっかけである。私も菅野氏や榮島氏と同じ、電話コンサルティングを申し込んだクライアントだったのだ。電話の向こうの園代表は、

「平賀さんはどのようなビジネスをされているのですか？」

「現在パチンコ店の店長をやっています」

「そうなんですか……。でも、私はパチンコのことを詳しく知らないのでお役に立てるかどうかわかりません」

後年になって聞いたところによると、この時、園代表は断りたかったそうだ。

おそらく、パチンコ店の店長ということで、私がパンチパーマをかけた強面《こわもて》の人だと思ったの

かもしれない。

「実は、インターネットを使ったビジネスもやっているんです。このサイトを見ていただけますか？」

「これは面白いですね。パチンコの情報販売ですか。わかりました、コンサルティングをお引き受けいたします」

私の作ったパチンコサイトのインパクトがかなりあったらしい。サイトを見ただけで、即ＯＫをもらえたのである。

この後、園代表のコンサルティングを受けることになり、さらにパチンコサイトの売上げは上がっていくことになる。これが２００２年の話である。

さらに、園代表の会社、実践マーケティング協会のサイトも作って欲しいと依頼を受けた。

しかも、かなり良い条件を出していただいたのである。

そして、実践マーケティング協会のサイトを作ったところ、園代表の知人の著名コンサルタントから次々と作成依頼をいただくことになる。

そして、これが今後の活動において大きな財産となっていったのだ。

その時に思ったのは、私はいったい何屋なんだろう、ということ。

サラリーマンをやりながら、コンサルタントのサイト作成、そして情報販売。この時点で3つの柱を持っていたわけである。

しかも、今まで収入の柱であったサラリーマンの給料が一番安くなっている……。


そして、2003年の春に独立。

この頃から、園代表が行なうセミナーにゲストで参加させていただいたり、個別コンサルティングに同行させていただいた。

半年ほどこのような活動をしたあと、インターネットに特化した電話コンサルティングの募集をしたところ、セミナー受講生を中心に20名くらいの応募があった。その中で一番初めに応募してくれたのが、今回ご登場いただいた菅野氏なのである。

先ほど、著名コンサルタントのサイト作成をやらせていただいた、と書いたが、その時に学んだ知識は何ものにもかえることのできない体験であった。

例えば、無料レポートをサイトにアップしたらどの程度の人が興味を示したとか、メルマガを出すとどのくらいの人が購入したのかなど、大いに勉強させていただいた。

その頃にインプットしたデータは、今でも頭に残っている。これが、電話相談で大いに役立ったのだ。

もし、この体験なしにパチンコの情報販売のみの体験であったら、菅野氏や榮島氏のこれほど

までの成功はあり得なかったかもしれない。当時お世話になった先生方には感謝の気持ちでいっぱいである。

こういった活動を続けているうちに、クライアントから多くの成功者が出るようになり、また園代表のご尽力により神田昌典先生のサイト運営にも携わることができた。

菅野氏や榮島氏が私と出会って成功が加速されたように、私自身も園代表と出会うことによって、なりたいと思っていた自分に近づいている。

1冊の本、そして出会いによって、大きく人生が変わっていく。

以前は、こういった出会いを偶然だと考えていたが、振り返ってみると必然だったのだろう。

私が電話コンサルティングを始めたのは、2003年の11月。

今回ご登場いただいた菅野氏や榮島氏のほかにも、多くの方がインターネットで収益を伸ばしている。もちろん、ほとんどの人が、インターネットビジネスの経験はゼロなのである。

経験がゼロなのに、どうしてやろうと思ったのであろうか。

新しいことが好きなのだろうか。

いや、違う。

それは、インターネットという媒体の可能性に魅力を感じたのである。そして、結果的に多くの人が収益を伸ばしている。

いつも不思議なのは、こんなに**高確率なビジネス**があるのに、どうしてもっと多くの方がやらないのだろう、ということだ。

この本をお読みになって、あなたもインターネットを使ったビジネスに少しでも興味を持っていただけると幸いである。

最後のヒント

ある日の昼下がり、2人のハイカーがシェラル山脈を歩いていた。

2人が山道の曲がり角にきた時、大熊グリズリーがいるのを見つけた。その大熊は2人のほうにゆっくり向かってくるところであった。

ハイカーの1人は素早くリュックを下ろし、重い登山靴からランニングシューズにはきかえ始めた。もう1人のハイカーが彼に言った。

「何のためにそんなことをしているんだ。熊は君より速く走るよ」

そのハイカーは、はきかえるのをやめる様子もなく次のように言った。

「熊より速く走る必要はないんだよ。君より速ければいいのさ」

今にも大熊が襲いかかってきそうな時に、ランニングシューズにはきかえているというのが面白いですね。

この話は、私の恩師である実践マーケティング協会の園代表に教えていただいた物語です。この物語が教えてくれるのは、ライバルより少し先を走ることの大切さでしょう。

人より少し先を走るためにはどうしたら良いのでしょうか？

それは「知識を得る」ことです。


私のクライアントに成功される人が多いのは、ご本人の努力もさることながら、最先端の知識を得ていることが大きいのです。

インターネットは途方もない速さで進んでいます。

ぜひあなたも良質な情報にアンテナを張り、業績を上げていただきたいと思います。


最後に、独立以前からお世話になっている実践マーケティング協会の園代表、出版の機会を与えてくれたフォレスト出版の太田社長、そして多数の成功事例を提供してくれた私のクライアントに心より感謝したいと思います

〈プロフィール〉

平賀正彦（ひらが・まさひこ）

集客請負人。ネット110番代表。ネットビジネスに限定したクライアントの成功率では日本一のコンサルタント。

中央大学商学部経営学科卒。卒業後、大手パチンコチェーン店に入社。トイレ掃除から始まり、6年後に店長へ就任。集客、売上管理、50名を超える従業員管理のすべてを担当。時代の最先端を行く風俗業界の集客ノウハウを身に付ける。

在職時に書いた小冊子「パチンコ店長が語る勝率10倍アップの方法」を自身のホームページで販売したところ大ブレイク。短期間に3000冊以上を売り、サラリーマン当時の数倍の収入を得る。

同時期、実践マーケティング協会の園代表と出会い、コンサルタントに転身することを決意。その後、噂が噂を呼び、多数の著名コンサルタントのホームページ作成、ネットマーケティングを担当。売上増に貢献する。

現在、300名以上がキャンセル待ちしている個別電話コンサルティングでは主に起業支援を行ない、まったくのゼロから年収2000万円を超える起業家を2年で20名以上輩出。さらに年収1億円を超える起業家も数名輩出している。月収100万円レベルであればゴロゴロ出ている状況である。

ホームページ　http://www.hiragamasahiko.jp/
メールアドレス　master@hiragamasahiko.jp

日本一やさしい　ネットの稼ぎ方

2006年6月14日　　初版発行
2008年2月23日　　5刷発行

著　者　平賀　正彦
発行者　太田　宏
発行所　フォレスト出版株式会社
〒162-0824 東京都新宿区揚場町2－18　白宝ビル5F
電話　03-5229-5750
振替　00110-1-583004
URL　http://www.forestpub.co.jp

印刷・製本　（株）シナノ

ISBN978-4-89451-229-0　Printed in Japan